一般衛生管理による 食品安全経営

角 直樹・中村滋男・齊藤智子

幸書房

は じ め に

　本書は，中小食品製造業の経営者・食品安全関係者に必要な，食品安全マネジメントの知識を解説することを目的としています．中小企業は経営資源が少なく，大企業のように食品安全施策を網羅的に実行する余裕はありません．しかしすべての食品企業に食品安全の要求がますます高まってきています．そこで本書では，中小事業者が，まず何をやるべきかを要点を絞って優先順位を意識しながら著述しました．

　本書の前身は 2017 年 4 月，HACCP 義務化を含む食品衛生法改正公布の 1 年前に発行された「一般衛生管理による食品安全マネジメント」です．HACCP 義務化の前に理解しておくべき「食品安全マネジメントの基本」と「一般衛生管理」を中心に詳説し，中小企業に向けた食品安全の入門書としてご好評をいただきました．本書はその後継本です．

　15 年ぶりの大改正だった改正食品衛生法は 2018 年 6 月に公布されました．営業許可制度の見直し，食中毒の広域連携，食品用器具容器包装のポジティブリスト化など多方面の改正が行われましたが，食品衛生関係では，HACCP の義務化が目玉でした．併せて，一般衛生管理が食品衛生法施行規則に載ることで，国の法律に格上げ（従来は都道府県条例）されたことも大きな変化でした．この改正により，食品衛生の法制度は国際標準と同等になり，食品事業者が実施すべき衛生管理がしっかりと制度化されました．

　食品衛生法改正は 2021 年 6 月に完全施行されましたが，この時期は新型コロナウィルスが猛威をふるっていました．本来，改正食品衛生法の周知にかかわるはずだった関係諸機関は，新型コロナウィルス対応に忙殺されていました．また，HACCP の導入を検討するべきだった中小食品企業や飲食店も事業の継続に精いっぱいで，HACCP どころではなかったのが実情です．このような経緯で 2023 年末現在，中小食品事業

者に対して，「HACCP義務化」という法制度が，十分定着しているとはいい難い状況にあります．

一方で，食の安全要求はますます厳しくなっており，中小企業もしっかりした対応が更に求められています．改正食品衛生法や，新たな認証のJFSなど新しい制度が出てくる中で，依然として中小企業はどこから手を付けてよいのかわかりづらい状況が続いています．日本に食品製造メーカーは約33,000社あると言われていますが，そのうち中小企業が98.8％を占めています（2014年農水省）．中小企業の食品安全レベルが上がることが，日本の食品業界の発展には不可欠といえます．したがって「中小食品製造業の経営者・食品安全関係者に向けてどのような食品安全施策をとるべきかの指針を示す」という初版の目的はますます重要になってきています．そこで本書では食品衛生法改正と最新の環境変化に対応して，内容を大幅に改訂しました．

食品安全マネジメントに必要な知識は幅広いですが，本書では中小企業にとって特に重要な2つの論点に絞ってあります．本書の構成を**図表1**に示しました．

第Ⅰ部（第1, 2章）では，中小企業の経営者が実際に食品安全マネジ

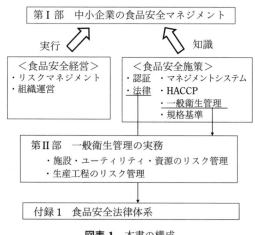

図表1 本書の構成

は じ め に　　　　　　　　　　　　**v**

メントを構築するために，最低限必要な知識を整理しました．経営資源
の少ない中小企業は，出来るだけコスパの良い食品安全経営を「実行」
する必要があります．これを，「リスクマネジメント」「組織運営」とい
う2つの論点で示しました．食品安全マネジメントの実行のためには，
法律と認証といった様々な「食品安全施策」の知識が不可欠です．本書
では，食品衛生法，HACCP，ISO といった言葉の真の意味がゼロから
学べるよう，コンパクトに説明します．

　中小企業が実際に食品安全マネジメントを遂行する上で，最も重要な
のは「一般衛生管理」と「法律」の理解です．第 II 部（第 3，4 章）は，
初版同様「一般衛生管理」に焦点を絞った，現場に応じた具体的な対応
法です．今回の改正食品衛生法では，特に小規模事業者の参考になるよ
うに，各業界の特性に応じた「手引書」が作成されました．「手引書」
は HACCP と一般衛生管理で最低限やらなければならないことが記載さ
れ，中小企業の食品安全マネジメント構築の最初の一歩としては素晴ら
しい参考書です．しかし「最低限に絞った」ため，さらにレベルを上げ
るにはやや物足りません．そこで本書では，食品衛生法施行規則の一般
衛生管理（別表 17，19）に準拠して，食品の製造現場が具体的に実行
する必要のある一般衛生管理を，できるだけ具体的に記載しました．

　食品安全にかかわる法律は多岐にわたりますが，食品事業に携わる者
は法律の内容を理解しておく必要があります．法律は難解ですが，消費
者から見た場合，食品事業の経営者が「法律の知識を持っていない」と
いうことは許されません．本書では，巻末に**付録 1**「食品安全に関する
法律体系」として，最低限知っておく必要のある法律知識を記載しまし
た．またそれにともない，食品衛生法施行規則第 66 条の 2 別表 17 と
第 66 条の 7 別表 19 を**付録 2** として掲載しています．

　人口減少のこれからの社会において，日本の食品産業の発展のために
は，国内だけでなく世界に目を向けなければなりません．日本の消費者
の食品安全に対する目は世界一厳しいといわれています．この厳しい目
に寄り添っていく，すなわち厳しい日本の消費者の目に対応した食品安

全マネジメントを遂行することが，日本の食品工業が国際競争に打ち勝っていくための武器のひとつになるのではないでしょうか？日本の食文化を支えている，すべての中小食品製造業が正しい食品安全経営を行い，安全でおいしい商品を供給しながら事業基盤を強靭なものにしていき，その結果として「日本の食品は品質も素晴らしく世界一安全」ということを世界中の人が認める日が来ることを願っています．

　本書の執筆は，第I部を角が，第II部を中村が，付録1と法規関係・食品事故関係の監修を齊藤が担当しました．

　本書を発刊するきっかけを作っていただいた，経営創研株式会社の山田谷勝善氏，また執筆に不慣れな著者を常にリードしていただいた，幸書房の夏野雅博氏に深く感謝いたします．

　本書執筆作業中の2023年12月，著者の中村滋男さんが逝去されました．10月まで原稿のやり取りをしていた中での突然の訃報に言葉もありませんでした．

　中村さんは長い間，中小企業の食品安全マネジメント力の向上に心を尽くされてきました．中小企業の立場を考えながら，時には厳しく，丁寧に，暖かく杓子定規ではない対応をされてきました．本書を通じて，中村さんの想いが広く世の中に伝わることを願います．

　2024 年 8 月

角　　直　樹

齊　藤　智　子

目　　次

第 I 部　中小企業のための食品安全マネジメント

第1章　中小企業の食品安全経営 ……………………………………… 1

1.1　食品安全経営とは ………………………………………………… 1

　1.1.1　経営とリスクマネジメント ………………………………… 1

　1.1.2　食品安全経営で取組むこと ………………………………… 2

　1.1.3　自社の「食品安全経営レベル」をチェックしてみよう…… 4

1.2　リスクマネジメント ……………………………………………… 6

　1.2.1　社会の意識変化とリスクマネジメント…………………… 6

　1.2.2　リスクマネジメントの基礎………………………………… 8

　1.2.3　外部リスクの把握…………………………………………… 10

　1.2.4　内部リスクの把握…………………………………………… 18

　1.2.5　リスクの分析・評価………………………………………… 20

1.3　食品安全組織の運営 ……………………………………………… 24

　1.3.1　トップマネジメント………………………………………… 26

　1.3.2　社内組織風土の醸成………………………………………… 29

　1.3.3　組織体制と品質保証組織の役割…………………………… 33

　1.3.4　食品安全経営の遂行………………………………………… 34

第2章　食品安全施策の理解 ……………………………………………43

2.1　食品安全施策の全体像 ……………………………………………43

2.2　手法の理解 …………………………………………………………46

　2.2.1　規格基準……………………………………………………46

　2.2.2　一般衛生管理………………………………………………47

viii 目　　次

　　2.2.3　手法としての HACCP …………………………………49

　　2.2.4　マネジメントシステム ……………………………………54

　2.3　制度の理解 ……………………………………………………56

　　2.3.1　食品の法令……………………………………………………56

　　2.3.2　食品衛生法と，制度としての HACCP ……………………57

　　2.3.3　認証……………………………………………………………65

　2.4　中小企業が取組むべき食品安全システム ……………………69

　　2.4.1　食品安全コスト ………………………………………………69

　　2.4.2　食品安全システムの選択……………………………………70

第 II 部　一般衛生管理の実務

第3章　生産を支える施設・ユーティリティ・
　　　　資源のリスクと管理………………………………… 75

　3.1　食品衛生法の改正 ……………………………………………76

　3.2　一般衛生管理について ………………………………………77

　　3.2.1　一般的な衛生管理に関する基準………………………………77

　3.3　工場敷地・施設のリスクと管理 ……………………………81

　　3.3.1　敷地・施設管理…………………………………………………81

　　3.3.2　倉庫管理…………………………………………………………83

　　3.3.3　生産棟の維持・管理……………………………………………87

　　3.3.4　トイレ・更衣室・準備室 ……………………………………93

　3.4　原材料のリスク管理 …………………………………………95

　　3.4.1　原材料管理………………………………………………………95

　　3.4.2　水質管理…………………………………………………………98

　3.5　排水の管理 …………………………………………………… 101

　3.6　廃棄物の管理 ………………………………………………… 104

　3.7　化学薬品の管理 ……………………………………………… 106

目　　次　　**ix**

3.8　従業員管理とリスク対策 ……………………………………… 109

　3.8.1　5S が「一般衛生管理」の基本 ……………………… 109

　3.8.2　衛生・不要品の持ち込み管理………………………… 111

　3.8.3　トイレ………………………………………………… 114

　3.8.4　更衣室………………………………………………… 115

　3.8.5　準備室………………………………………………… 115

　3.8.6　健康管理……………………………………………… 116

第4章　生産工程のリスクと管理 ……………………………… 120

4.1　一般的な生産工程のリスクと管理 ……………………… 121

　4.1.1　生産環境管理のリスク対策………………………… 121

　4.1.2　工程検査・抜き取り検査…………………………… 126

　4.1.3　機器の校正…………………………………………… 127

　4.1.4　量目管理のリスク対策……………………………… 129

4.2　生産工程の特定リスク対策（異物, 微生物, アレルゲン）と

　　　管理 ………………………………………………………… 140

　4.2.1　異物混入防止………………………………………… 140

　4.2.2　異物混入防止に用いる品質保証機器……………… 142

　4.2.3　作業着・人的異物管理……………………………… 146

　4.2.4　毛髪混入防止とリスク対策………………………… 148

　4.2.5　防鼠防虫対策………………………………………… 150

　4.2.6　昆虫のモニタリングとリスク対策………………… 152

　4.2.7　微生物制御…………………………………………… 156

　4.2.8　特定原材料（アレルギー物質）のリスク対策…… 161

4.3　出荷判定, 回収についてのリスク管理と対策 ………… 168

　4.3.1　出荷判定……………………………………………… 169

　4.3.2　不合格品の管理……………………………………… 170

　4.3.3　控え見本の管理……………………………………… 175

x   目　　次

　　4.3.4　トレーサビリティ………………………………………… 176

　　4.3.5　運搬……………………………………………………… 180

　　4.3.6　製品の回収……………………………………………… 181

　4.4　表示管理についてのリスク対策 ………………………… 183

　　4.4.1　食品に関する表示……………………………………… 183

　　4.4.2　意図的な表示違反と表示ミス………………………… 183

　　4.4.3　表示ミスを起こさないために………………………… 184

　　4.4.4　ラベル貼り付け作業時の注意点……………………… 187

　　4.4.5　消費・賞味期限の表示管理…………………………… 188

　4.5　一般衛生管理を担保する組織と文書 …………………… 192

　　4.5.1　組織図の機能通りに人が動く体制とは………………… 192

　　4.5.2　文書および記録の管理………………………………… 196

　　4.5.3　一般衛生管理をしっかり守ることが機能組織に

　　　　　威力を発揮………………………………………………… 202

〈特別寄稿〉食品の品質について ………………………………… 203

付録 1　食品安全に関する法律体系 …………………………… 213

付録 2　食品衛生法施行規則　別表第十七（第六十六条の二 第一項関係）… 225

　　　　食品衛生法施行規則　別表第十九（第六十六条の七 関係）………… 232

第Ⅰ部

中小企業のための食品安全マネジメント

第1章　中小企業の食品安全経営

1.1　食品安全経営とは

1.1.1　経営とリスクマネジメント

　会社経営の最大の目的は「会社の成長」です．そのためには「事業を伸ばす」と同時に「リスクを避ける」会社経営が必要です．経営者は「事業を伸ばす」ことと「リスクを避ける」ことの両面に対するバランスのよい活動と投資，すなわち"経営"をしていかなければなりません（**図表 1-1**）．経営者は事業の成長に対しては，事業の成長マネジメントにより，戦略を立て様々な施策を打っていきます．しかし，リスク回避マネジメントに対しては漠然とした不安を持ちつつ，ともすると後回しになりがちです．

　図表 1-2 は，2013 年のジャスダック上場会社（現東証スタンダートおよび東証グロース）856 社のうち，食品小売業 31 社の，有価証券報告書中のリスク情報を整理したものです．

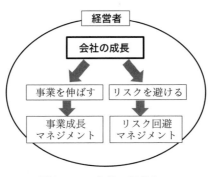

図表 1-1　会社の経営とは

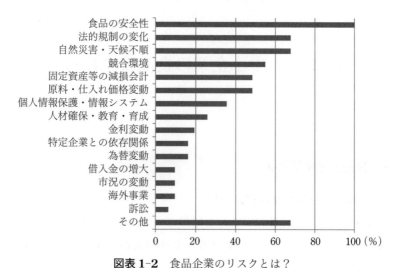

図表 1-2　食品企業のリスクとは？
出典：「JASDAQ 上場会社のリスク一覧 2013」
http://jasdaqtse.or.jp/jasdaq/6104 を筆者が編集

　一般の企業がリスク項目としてあげるのは，「自然災害」「景気変動」や「競合環境の変化」などですが，食品を取り扱う企業の場合は100％，すなわちすべての会社が，「食品の安全性」をリスク項目としてあげています．つまり，「食品会社を経営する」ということは，他の業種には存在しない「食の安全性」という特殊なリスクを背負っていることが特徴なのです．したがって，食品企業経営者は，大企業，中小企業にかかわらず経営上の最大のリスクである「食品安全リスク」を回避するための経営活動，すなわち「食品安全経営」を実践しなければなりません．

1.1.2　食品安全経営で取組むこと

　では，「食品安全経営」とは具体的にはどのようなことでしょうか．
　食品安全経営の全体像を図表 1-3 に示しました．食品安全経営は，一言でいえば食品企業の「経営リスクを避ける活動」ということになります．そこで第一にやらなければならないのは，"自社にとっての食品

安全リスクは具体的に何なのか"を把握するリスクマネジメントです．食品会社と一言でいっても，扱っている商品，取引の形態，事業運営の歴史等，千差万別でそれぞれのリスクも異なります．したがって自社にとって最も重要なリスクを具体的に把握しなければなりません．

第二に食品安全経営を具体的に実行する役割分担や，組織体制を構築する必要があります．会社の組織の

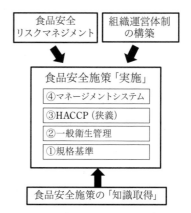

図表 1-3 食品安全経営の全体像

うち，営業や製造は「事業を成長させるため」の組織です．これに対して，食品安全を担当する組織は，「リスクを避けるため」の組織でなければならず，組織の在り方はおのずと異なってきます．

そして第三に「食品安全施策に関する知識」を体系的に正しく取得する必要があります．食品安全施策に関する知識は複雑ですが，基礎から理解すれば難解なものではありません．しかし，中小企業の経営者の中には聞きかじりの知識のままで食品安全経営を遂行したり，食品安全の専門家に施策の実行を丸投げしているケースも見られます．食品安全リスクを避けることが重要な経営課題である以上，経営者自身が食品安全に関する知識を持たなければなりません．

第Ⅰ部では「リスク把握のやり方」「組織体制の効率的な方法」「食品安全施策に関する基本的な知識」を解説します．企業経営者はこの内容をしっかりと理解したうえで，自社の食品安全の基本方針を定めてください．

図表1-3に示すように食品安全施策は，①規格基準　②一般衛生管理　③HACCP　④マネージメントシステムの4つを実施することです．過去の食品衛生法では①だけが定められていましたが，2021年6月完全施行の新食品衛生法で②，③の実施義務が追加されました．（それ以前は

都道府県条例に②の記載がありましたが，食品衛生法には記載されていませんでした）そして ISO など多くの外部認証をとるためには④の実行が必要です．このうち③と④については，言葉は聞いたことがある経営者が多いことでしょう．しかし実は，これらの③ HACCP や④マネジメントシステムは，②一般衛生管理の実施が前提になっていることを十分理解できている中小食品企業経営者は少ないと思います．しかもこのように重要な一般衛生管理について十分解説した書籍は多くありません．本書では第Ⅰ部の第 2 章で，食品安全施策の①〜④について概説した後，第Ⅱ部で一般衛生管理について詳しく述べます．

2021 年 6 月完全施行の改正食品衛生法は「HACCP の義務化」だけがクローズアップされていますが，従来都道府県条例で制定されていた一般衛生管理が，食品衛生法として正式に法制化される大きな変化がありました．食品衛生法における一般衛生管理は，食品衛生法施行規則第 66 条の 2 **別表 17**，第 66 条の 7 **別表 19** に記載されています，本書ではこの全文を**付録 2** に収録した上で，第Ⅱ部でそれぞれの項目について詳細に解説していきます．

1.1.3　自社の「食品安全経営レベル」をチェックしてみよう

まず，自社の食品安全経営レベルについて，**図表 1-4** のチェックリストを〇×式でやってみてください．

チェックリストの内容は食品安全経営としては最低限のレベルですので，本来全部〇がつかなければなりません．しかし中小企業では全部丸をつけられる会社は決して多くありません．×が付いた項目については図表 1-4 の右欄に記載の「本書の対応項目」を特によく読んで，対応してください．

1.1 食品安全経営とは **5**

チェック	内　　容	本書の 対応項目
	経営者および製造責任者は，食品業界の商品回収情報を常にチェックしている	1.2.3
	自社のクレーム実績が管理され統計としてまとめており，その内容を分析して，改善につなげている	1.2.4
	自社が食品安全事故（回収等）を起こすとすれば，どのような事故の可能性が高いのか，**根拠をもって**説明できる	1.2.5
	経営者および製造責任者は，自社の食品安全経営施策の**方針について**説明できる	1.3.1
	経営者および製造責任者は，自社の食品安全経営施策の**具体的な取組み内容**について説明できる	1.3.1
	食品安全・品質保証は，利益や生産性よりも優先順位が高いという認識が社員に浸透している	1.3.1
	食品安全・品質保証に関して，決めたことは必ず守るという組織風土ができている	1.3.2
	食品安全をテーマとした会議を実施している	1.3.2
	食品安全の責任者及び専任者はいる	1.3.3
	経営者および製造責任者は，ISO と HACCP の違いについて説明できる	2.1
	経営者および製造責任者は，法律で定められた自社の製造品に関する規格基準を把握している	2.2.1
	経営者および製造責任者は，一般的衛生管理とは何かを理解できている	2.2.2
	食品衛生法施行規則第 66 条の 2 別表 17 と，第 66 条の 7 別表 19 について，そのうちの 95％以上実施できている	2.2.2
	経営者および製造責任者は，HACCP という管理手法の意味を説明できる	2.2.3
	経営者および製造責任者は，食品衛生法・食品表示法の内容を説明できる	2.3.1
	経営者は，法律が自社の実施すべき HACCP をどのように定めているか理解できている	2.3.2
	経営者は自社が取得を目指すべき認証が何かを認識している	2.3.3

図表 1-4 安全経営レベルチェックリスト

1.2 リスクマネジメント

1.2.1 社会の意識変化とリスクマネジメント

　食品の安全に関して，食品メーカーの経営者や従業員から「昔はこれくらいのことでは誰も騒がなかったのに，世の中どうかしている」「自分の会社も昔に比べれば相当強力な対策をしているのに，どうしてそれ以上の対応をとらなければならないのだろう」といった声を聴くことがあります．このような考え方を持っている経営者は，社会の環境変化に対する意識が低いといわざるを得ません．社会環境の変化は食品安全以外に様々な面でも起こっています．働き方改革，セクハラ・パワハラ防止，コンプライアンス対応，ダイバーシティ対応など，かつてはほとんど考慮されていなかったことを怠ると，現在の経営にとって命取りになることがあります．

　食品安全に関しても「国民の安全に対する社会意識の変化」がポイントです．かつて「飲酒運転」「公共の場での喫煙」「暴力団」などは，「仕方がない」「必要悪」という理由で暗黙のうちに認められていました．しかし現在これらはすべて厳格に社会から排除されつつあります．これは社会が「安全な生活を阻害する可能性のあるものは全力で排除していこう」という方向に変化しているためです．法律もこれに対応して規制を厳しくしています．「食品安全」も，その例外ではありません．かつては「まあ，こんなもんだよ」と許されていたものも，社会の目はどんどん厳しくなってきています．

　次に，「企業の社会的責任への要求の高まり」があります．かつては「企業は儲けのためには多少の○○は仕方ない」という考え方がありましたし，社会もそれを認めていました．しかし現在は，それが許されない世の中になってきました．CSR（corporate social responsibility：企業の社会的責任）経営という言葉にも見られるとおり，現在は「企業自体が社会の発展・国民の幸福に積極的に貢献するための役目を担うべき」という時代になっています．したがって企業は食品安全に対して，「法律が

変わったから」「消費者がクレームを付けるから」仕方なく対応する，という消極的なものではなく，「消費者に危害や不快な思いをさせないために，先回りして全力で食品安全に努め，情報を積極的に開示する」という積極的な姿勢が求められ，そのような会社しか生き残れない時代になりつつあります．

　さらに大きな変化として，「サプライチェーンの長大化」があります．現代の食生活で必須の加工食品や外食，中食で使われる原材料は種類も多く，供給元も様々で結果的に食品のサプライチェーンは長く複雑になっています．そのため，このようなサプライチェーンの中の業者が1つ問題を起こすと，多くの最終商品に影響が及びます．すなわち，サプライチェーンの長大化によって食品安全リスクは増大しているといえるでしょう．消費者はこのような状況に「漠然とした不安感」を抱いており，このことが食品に対する安全意識の高まりを招いています．

　このような，食品安全を取り巻く環境変化を**図表 1-5** に示しました．まず，社会・消費者の意識が変化します．これを受けて小売業・卸売業すなわち顧客が変化し，メーカーに対する要求はどんどん厳しくなります．また，競合メーカーも，顧客要求に対応して食品安全対策を取っていきます．最終的に，行政は食品安全にかかわる法律を改正し，変化に対応していくことになります．そしてその結果，社会や消費者がさらに厳しくなっていく「食品安全の厳格化スパイラル」が進んでいきます．このような社会変化に対応できない食品企業は，最終的に淘汰される可能性があります．

　このような変化は将来どうなるのでしょうか？　**図表 1-6** に，過去，現在，未来の「社会の食品安全意識」と「食品企業の安全対策」の関係の推移を示します．過去から現在にかけては，社会の食

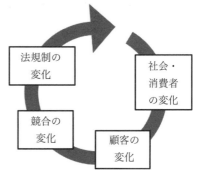

図表 1-5　食品安全の厳格化スパイラル

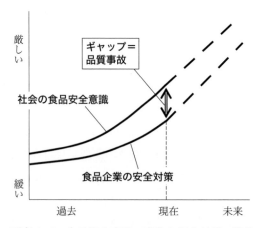

図表 1-6 食品安全意識の変化と安全対策の推移

品安全意識の高まりよりも食品企業の安全対策のスピードが遅いため，そのギャップが様々な品質事故となって顕在化しました．一方，将来も社会の食品安全意識はどんどん厳しい方向に向かうでしょう．したがって，今後，個々の企業は自社の食品安全対策，すなわち食品安全経営を今までよりさらに強化することで，事故の起きない体制を構築する必要があります．このような，環境変化に対応して具体的な施策を実行すること，すなわちリスクマネジメントを行うことが，食品安全経営の第1歩になります．

1.2.2 リスクマネジメントの基礎

　リスクマネジメントとは，「不測の損害を最小の費用で効果的に処理する」ための経営管理手法です．「起こり得る不測の事態を可能な限り予測し，それを避ける対策を前もって取れる活動」として位置付けられます．"リスクマネジメント"という概念が認識される以前は「経験と結果に基づきマネジメントを改善していく」という方法が採用されてきました．つまり，問題が発生した後でその再発防止に取組むという，いわゆる「失敗に学ぶ」という手法です．社会変化が緩やかな時代はこのような対応で十分でしたが，社会変化が激しくなってくるとともに，そ

のような対応では社会の要請に追いつかない，という問題が生じてきました．また，一度の失敗で致命的な影響を組織に与えるという事例が多発し，「失敗に学ぶ」というのんびりした手法の限界が明らかになってきたのです．

リスクマネジメントは，労働安全や保険，環境，医学といったそれぞれの分野で独自に確立されてきましたが，2009年11月にリスクマネジメントの汎用規格としてISO31000が設定され，体系化されました．

図表 1-7 食品安全リスクマネジメントのプロセス

この考え方に基づき，食品安全リスクマネジメントは，**図表 1-7** に示す方法で実施します．まず初めに，自社の外部環境と内部環境からリスクを把握します．続いて，把握したリスクを分析・評価をします．このステップは，リスクの特定，分析，優先順位づけの3つに分かれます．最後に優先順位を付けたリスクに対し，どのような方法で対策をとるのかを決めます．

リスクマネジメントでまず重要なのは，リスク分析です．リスクは

$$リスク ＝ 影響度 \times 起こりやすさ$$

で示されます．「影響度」とは，そのリスクが顕在化した場合の影響の大きさのことです．そして「起こりやすさ」とは，"そのリスクの発生する可能性" のことです．

これらを数値化する場合，「影響度」は想定される被害金額で示されます．また「起こりやすさ」については，一定期間に事故が起こる確率で，例えば「30年間で震度7以上の地震の起こる確率は30％」といったものです．

続いて，この「影響度」と「起こりやすさ」を用いてリスクを「評

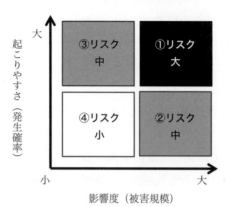

図表 1-8 リスクの優先順位付け

価」し，優先順位付けを行います．優先順位付けは「影響度」と「起こりやすさ」のマトリックスを使います．**図表 1-8** は最もシンプルな優先順位付けの方法です．影響度・起こりやすさ共に大きい場合は「リスク大」，影響度・起こりやすさ共に小さい場合は「リスク小」となります．

1.2.3 外部リスクの把握

　自社にとって具体的にどのような食品安全リスクがあるのかを把握するために，食品安全に関して社外で起きている事柄（外部環境）をまず把握します．

　外部環境の把握で最も参考になるのは，日本国内で起きている食品事故の状況です．他社の実態を自社に置き換えリスクを推定するのです．**図表 1-9** に，食品事故のタイプを被害の影響度の順に並べた図を示しました．食品事故は被害の影響度の小さい「不適合品を社内で発見」から，「顧客・消費者からのクレーム」「自主回収」「販売中止・操業中止」の順に被害の影響度が大きくなり，経営にもっとも甚大な影響を与えるのが「顧客の人体に危害を与える」というものになります．しかし世の中で起きている事故情報，すなわち，他社の「クレーム」や「不適合品のデータ」を入手することは困難です．また「人体に危害」を与えるよ

食 品 事 故	被害の影響度
顧客の人体に危害を与える	大
販売中止・操業中止	↑
自主回収	↕
クレーム	↓
不適合を社内で発見	小

図表 1-9　食品事故のタイプと影響度

うな重篤な事故事例は，そう多くはありません．そこで，最も確実に入手できるものとして，「自主回収」の情報を，重要な外部情報として参考にします．

（1）　食品事故のタイプと状況

　事業者は回収案件が発生した場合，食品衛生法，食品表示法に基づいた，自主回収報告制度に則り，行政に届ける事が義務づけられています．届け出は，「食品衛生申請等システム」へ入力して行われます．行政はこの事象を広く速やかに告知し，該当品の喫食防止，回収協力を得るために，Web上で公開しています．これらのデータを利用し，食品企業で発生しているリスクの状況を確認することができます．なお「食品衛生申請等システム」のリコール情報は回収が終了，あるいは対象食品の消費・賞味期限が超えてから一定期間が経過すると，データは公開終了となるので注意してください．

　図表 1-10に，消費者庁が配信している「リコール情報サイト」を元に，2023年4月〜8月に行われた自主回収事故案件を事故内容の種類ごとに分類したものです．図表 1-10のデータを整理して模式的に示したのが**図表 1-11**です．回収件数の多いワースト3は，「賞味期限表示ミス」「アレルギー表示ミス」「微生物汚染」です．この傾向は過去10年以上変わっていません．ワースト3に加えて発生の多い「異物混入」「表示以外の法令違反」「異味異臭」「包装不良」は，業態にかかわらず多数発生しているため，すべての食品企業が注意を払わなければなりません．「微生物汚染」については，水分を多く含む食品を製造するメー

事故原因	件数		業種の特徴
	件	比率	
異物	**32**	**9.7%**	
ガラス片・金属等硬質異	13	3.9%	全業種
樹脂・シリコーン・包材片	7	2.1%	全業種
虫等その他	12	3.6%	
化学物質	**16**	**4.8%**	
天然毒物	11	3.3%	水産加工品（ヒスタミン, ふぐ, 貝毒）
医薬品成分	2	0.6%	健康食品
殺虫剤・消毒薬等その他	3	0.9%	
微生物汚染	**60**	**18.2%**	
カビ・酵母・大腸菌群	31	9.4%	水分の多い食品
食中毒事故原因の微生物	3	0.9%	水分の多い食品
汚染のおそれ・その他	26	7.9%	水分の多い食品
品質不良	**20**	**6.1%**	
温度管理不良	10	3.0%	弁当・総菜, チルド食品, 冷凍食品
品質不良	10	3.0%	水分の多い食品
不適切表示	**141**	**42.7%**	
アレルゲン表示のミス・欠落	52	15.8%	加工食品全業種
期限表示のミス・欠落	64	19.4%	加工食品全業種
表示のミス欠落（その他）	25	7.6%	加工食品全業種
表示以外の法令違反	**39**	**11.8%**	
規格基準違反	15	4.5%	アイス等規格基準を有する食品
残留農薬基準違反	14	4.2%	農産物, 農産物加工品
添加物使用基準違反	10	3.0%	菓子, めん, 調味料など
工程管理不良	**22**	**6.7%**	
商品取り違い	8	2.4%	菓子, 水産物
不適切な原料使用	4	1.2%	加工食品全業種
製造基準逸脱	4	1.2%	アイス, 飲料など
包装不良	6	1.8%	加工食品全業種
合計	**330** 件		

消費者庁情報を集計分析

図表 1-10 2023 年 4 月～8 月の食品回収事故原因別案件数

1.2 リスクマネジメント　　13

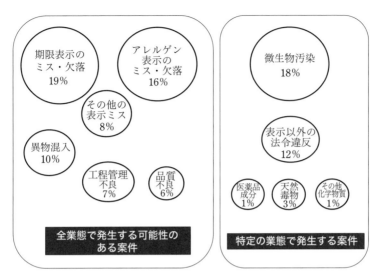

図表 1-11 回収原因の特徴

カー,「農薬違反」は農産加工メーカーや農産加工品の輸入業者,「天然毒物」は水産加工メーカー,「規格基準逸脱」はアイスメーカーが多く回収事故を起こしています．このように，自社の属する特定業態の回収状況の特徴を把握することで，自社のリスクの大小を判断することができます．

　図表 1-12 に，特定業界の回収事故例として 2023 年 4 月～8 月リコール情報メールに配信された「菓子類」の回収状況を示しました．この業界では，「アレルゲン表示の欠落」「期限表示の誤表示・欠落」「カビなどによる微生物汚染」が多く発生しています．アレルギー物質の表示漏れや不適切な期限表示，あるいはこれらの欠落は，食品法規の知識・理解不足，原料情報の把握不足，工程管理の不足，包材や商品の取り違えなどにより発生していて，企画，製造，管理など，あらゆる段階に原因があります．例えば，微生物汚染の多くはカビによるもので，菓子の中でも水分の多いものに発生しています．シール不良などの包装不良が原因としたものもあり，工程管理にも注意しなければならないことがわかります．このように，自社が属する業界の回収状況を分析することで，

図表 1-12 「菓子類」の回収内容（2023 年 4 月〜8 月）

掲載月日	品　名	告知理由	詳　細
7 月 20 日	菓子（サブレ）	アレルゲン表示の欠落	
8 月 14 日	菓子（スナック菓子）	アレルゲン表示の欠落	
5 月 2 日	菓子（煎餅）	アレルゲン表示の欠落	
5 月 12 日	菓子（チョコレート菓子）	アレルゲン表示の欠落	
4 月 24 日	菓子（チョコレート菓子・サブレ）	アレルゲン表示の欠落	
6 月 2 日	洋菓子（ケーキ）	アレルゲン表示の欠落	
6 月 16 日	洋菓子（ケーキ・ドーナッツ）	アレルゲン表示の欠落	
4 月 28 日	洋菓子（マドレーヌ）	アレルゲン表示の欠落	
8 月 23 日	和菓子	アレルゲン表示の欠落	
8 月 10 日	和菓子	アレルゲン表示の欠落	
6 月 13 日	和菓子（焼菓子）	アレルゲン表示の欠落，期限表示の欠落	
8 月 14 日	和菓子（饅頭）	アレルゲン表示の欠落，不適切表示（原材料）	
8 月 8 日	和菓子	アレルゲン表示の欠落，不適切表示（添加物, 内容量）	
5 月 17 日	菓子（グミ）	アレルゲン表示の欠落・規格基準違反	添加物表示の欠落
4 月 19 日	菓子（チョコレート）	異物混入	金属針が混入
6 月 26 日	菓子（チョコレート菓子）	異物混入	シリコン素材のヘラの破片が混入
4 月 21 日	菓子（豆菓子）	異物混入	金属片の混入のため
7 月 31 日	生菓子	異物混入	個包装の破損片が混入
6 月 13 日	生菓子（今川焼）	異物混入	プラ製ブラシの破片が混入
4 月 17 日	生菓子（プリン）	異物混入	硬質異物の混入のおそれ
5 月 29 日	菓子（スコーン）	期限表示の欠落	
5 月 31 日	菓子（焼菓子）	期限表示の欠落	
7 月 21 日	菓子	期限表示の誤表示	
7 月 11 日	菓子（かりんとう）	期限表示の誤表示	
5 月 15 日	菓子（クッキー）	期限表示の誤表示	
6 月 20 日	菓子（煎餅）	期限表示の誤表示	
4 月 20 日	菓子（煎餅）	期限表示の誤表示	
8 月 21 日	生菓子（チーズケーキ）	期限表示の誤表示	
8 月 30 日	洋菓子（チョコレートチップ）	期限表示の誤表示	
5 月 12 日	洋菓子（パウンドケーキ）	期限表示の誤表示	
5 月 8 日	洋菓子（パウンドケーキ）	期限表示の誤表示	
7 月 7 日	洋菓子（フルーツサンド）	期限表示の誤表示	
7 月 19 日	和菓子（羊羹）	期限表示の誤表示	
6 月 28 日	和菓子（羊羹）	期限表示の誤表示	
6 月 1 日	菓子（おこし）	商品取り違い	異品種取り違い
4 月 12 日	菓子（スナック菓子）	添加物使用基準違反	TBHQ（酸化防止剤）検出
6 月 2 日	菓子（マシュマロ）	添加物使用基準違反	ソルビン酸等が使用基準に違反
7 月 4 日	洋菓子（マドレーヌ）	添加物使用基準違反	添加物使用基準違反
6 月 16 日	菓子（チョコレート菓子）	微生物	カビの繁殖
4 月 7 日	生菓子（ゼリー）	微生物	原料中の酵母が発酵したことによる商品の膨張
8 月 22 日	生菓子（ワッフル）	微生物	カビ
8 月 29 日	洋菓子（スティックケーキ）	微生物	カビ
7 月 26 日	洋菓子（ケーキ）	微生物	カビ
4 月 14 日	洋菓子（ケーキ）	微生物	カビ
7 月 14 日	洋菓子（パウンドケーキ）	微生物	シーラーの圧着不足
8 月 4 日	洋菓子（マドレーヌ）	微生物	カビ
8 月 23 日	和菓子（どら焼き）	微生物	カビ
7 月 26 日	和菓子（どら焼き）	微生物	カビ
8 月 3 日	和菓子（餅菓子）	微生物	カビ
8 月 23 日	和菓子（落雁）	微生物	真菌を検出
8 月 22 日	生菓子（ゼリー）	微生物・品質不良	キャップ巻締工程の不具合による液漏れ・カビの発生
8 月 10 日	生菓子（ゼリー）	微生物・品質不良	個包装のシール不良に起因する膨張
4 月 4 日	菓子（キャンデー）	表示の欠落	個包装の表示不備
5 月 18 日	菓子（饅頭）	表示の欠落	添加物表示の欠落
7 月 7 日	洋菓子（ケーキ）	表示の欠落（保存方法）	
6 月 6 日	生菓子（あんみつ）	品質不良	添加物の配合量不足

5月16日	生菓子（タルト）	品質不良	消費期限が経過した消費wの販売し
8月29日	生菓子（ワッフル）	品質不良	食味に以上
4月27日	和菓子（どらやき）	品質不良	シール時の圧着不足
8月30日	和菓子（最中）	品質不良	
8月2日	和菓子（羊羹）	品質不良	シールの圧着不良
8月28日	菓子（マシュマロ）	不適切表示	異品種混入
7月18日	生菓子（ゼリー）	不適切表示	ラベル貼り間違い

自社のリスク把握に活かすことができます.

しかし，このような分析を日々行うのは手間がかかります．消費者庁の「食品表示リコール情報及び違反情報サイト」では，食品表示法に抵触する理由で回収した，過去3年間の自主回収届出状況を集計した結果を掲載しています．また，お勧めしたいのが，回収情報メールサービスの利用です．**図表 1-13** にサービスの例を示しました．このようなサービスを利用し，他社の回収事例を見ることで，自社のリスク認識を高めることができます．特に「クロネコヤマトリコールドット jp」はカテゴリーが選べて，リアルタイムで事故情報がメール配信され，外部リスクを肌で感じるには最適な媒体なので，経営者もしくは食品安全担当はぜひ登録するとよいでしょう.

＜クロネコヤマトリコールドット jp＞
　配信頻度，カテゴリー（例：食品）を選択することができる
　https://kuroneko-recall.jp/index/index.php?CatID_dai=6

＜消費者庁リコール情報サービス＞
　毎日配信，カテゴリーは選べない
　https://www.recall.caa.go.jp/

＜食品表示リコール情報及び違反情報サイト＞
　食品表示法に基づく手続きや法規，過去3年間の集計結果を掲載
　https://www.caa.go.jp/policies/policy/representation/food_labeling_recall/

＜食品衛生申請等システム＞
　食品の自主回収情報を掲載
　https://ifas.mhlw.go.jp/faspub/_link.do

図表 1-13　回収情報の発信サイト

(2) 大きな食品事故を境に急変する回収状況と社会意識

　前項で述べた回収状況の傾向は，常に一定の比率で推移するわけではありません．マスコミを騒がすような大きな事故が発生すると，状況は急激に変化します．図表 1-14 は，回収理由の年次別変化を示したものですが，2014 年に異物混入の比率が大きく変化していることがわかります．これは「カップ焼きそばへの虫混入」「ファストフードチェーンでの異物混入」の報道が大きく影響をしています．従来，商品回収の対象となるのは「人体に危害を与える可能性がある」かつ「その事象が多発している可能性がある」場合でした．したがって，軽微な異物で人体に危害が及ぶ可能性がない場合，回収に至ることは従来それほど多くはありませんでした．しかし，大きく報道される事件が発生したことで消費者の異物に対する意識が強くなり，それまでは回収にまで至らなかった案件も，回収事案まで発展するケースが増えてきました．

　2013 年頃にマスコミが大きく取り上げた「食材の産地偽装問題」も同様です．それまでは飲食店で慣習的に行われていた，メニュー表示で使用する食材をグレードアップして表示する慣習（例えば，バナメイエビをシバエビと標記するなど）がことごとく問題となり，大手ホテルの経営者が辞任するといった事態にまで発展しました．さらに 2013 年末に冷

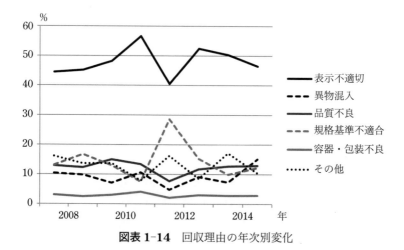

図表 1-14　回収理由の年次別変化

凍食品会社で発生した製品への意図的な農薬混入事件があります．この事件をきっかけに，食品会社は，従業員や外部からの侵入を監視する「フードディフェンス」の仕組みを整えることが要求されるようになりました．これらは，これまで大きく取り沙汰されていなかったことが，ある事件を境に大問題になるという，「社会全体が消費者を保護する方向に動いている」大きな流れの表れです．

　以上のように，食品安全リスクは社会の動きと同調して常に変化しています．社会の風向きが変わっているにもかかわらず「昔は問題なかったから」とか「この事件は大企業だけの問題」として対応を怠ると経営危機を招くことになりかねません．何が起こるかわからないのは，新型コロナウイルスのパンデミックを見ても明らかでしょう．

　このような変化への対応では，経営者自身の意識と行動が特に重要な役割を担います．現場の担当者は，ともするとこれまで通りのリスク対応に目が行きがちですし，そもそも新たな仕事が増えることを望みません．経営者は過去にとらわれることなく常に現在の社会情勢を監視し，社会環境の潮目が変わった際，その事象のリスクが増大したことを認識して，速やかに対応をとることが重要です．例えば「異物混入事件」が世の中で大きな注目を浴びていることを察知し，「異物へのリスク対策をこれまで以上に強化しよう」と指示を出すのは，経営者の役目です．

(3)　法律の改正

　食品安全リスクの外部環境変化で重要なものに，法律の改正があります．本書改訂の理由も，食品衛生法の大改正でしたが，過去には 2016 年の食品表示にかかわる法律の改正，2015 年には食品の機能性表示に関する仕組みが大きく変わりました．また食品表示法や運用の規則は毎年細かい変更が行われます．例えば，本書執筆中の 2024 年夏時点で機能性食品の「食品表示基準」の改正が検討されています．食品に関する法律を守ることは，食品安全経営の最低限の対応です．その法律が改正されたことを「知らなかった」というのでは，経営者失格です．法改正

については、地域の保健所や業界団体から必ず情報が入ってきます。この情報を見逃すことなく、必要があれば講習会等に参加して、常に最新の法律を頭に入れておくことは、経営者の最低限の責務ともいえるでしょう。

1.2.4　内部リスクの把握

会社にはそれぞれの歴史と商品特性を背景に、独自のリスクがあります。このリスクを洗い出すのが内部環境の把握です。

(1) クレーム

食品安全リスクの内部環境の把握で最も重要なものは、自社に寄せられるクレームの分析です。

労働災害の経験則として、「ハインリッヒの法則」があります。これは、1件の重大な労働災害の陰には、29件の軽微な災害、さらに300件のヒヤリ・ハット（災害になりそうな経験）があるというものです。この経験則を食品安全リスクにあてはめたのが**図表 1-15** です。回収が1件あったとすると、その裏にクレームが29件、現場で気付いた品質不良が300件あるであろう、という考え方です。

このように、発生した製造現場の軽微な品質不良やクレームもしっかりと記録し、年間でどのようなクレームがどのような頻度で発生するのかをきちんと分析、社内共有することが大きな事故を防ぎ、自社の食品

図表 1-15　ハインリッヒの法則に食品安全内部リスクを当てはめる

	1月	2月	3月	4月	5月	6月	7月	8月	9月	10月	11月	12月	合計
毛髪	2	0	4	3	7	3	0	0	2	2	1	3	27
虫	0	0	0	1	0	0	1	1	0	0	0	0	3
毛髪以外の異物	0	0	1	0	1	2	1	0	0	2	0	0	7
焦げ	3	1	1	0	3	2	2	0	0	2	0	0	14
風味不良	2	0	0	0	3	0	0	4	0	1	1	1	12
形の不良	2	3	1	0	0	2	0	0	2	1	0	2	13
包装不良	2	5	0	0	0	3	0	1	0	0	0	0	11
日付印字のカスレ	0	0	1	1	0	0	1	0	0	1	0	0	4
合　計	11	9	8	5	14	12	5	6	4	9	2	6	91

図表 1-16　クレーム一覧表の例

安全リスクを把握するうえで重要になります.

　例えば消費者から寄せられたクレームは，**図表 1-16** のように整理します. これにより，自社の食品安全リスクがどこにあるのかを把握することができます. さらに，このデータを前年と比較をすることで，自社の食品安全施策の効果を把握する目標管理としても使えます.

　クレームの集計をする際に注意しなければならないのは，"B to B" ビジネス（企業対企業の取り引き）会社です. B to C ビジネス（企業対一般消費者の取り引き）の会社では，お客様からのクレームはお客様相談室など 1ヵ所に集約されることが多いですが，B to B の会社では，顧客からのクレームはまず営業部門に入ります. そのため，営業担当者が顧客に謝罪してそれで済んでしまうと，クレーム発生の情報が会社全体で共有されない場合があります. クレーム情報は自社の食品安全リスクを知る大変貴重な情報ですので，発生したクレーム情報は 1ヵ所に集約し，それを分析した結果が社内全体で共有・確認できる体制を作る必要があります. これも経営者の仕事です.

(2)　外部監査

　外部監査を受ける機会のある会社は，監査員のコメントが自社のリスクの内部環境確認の参考になります. その際重要なことは，監査員の指

摘内容を工場全体に水平展開することです．例えば，「掲示物を留める
のにプラスチックのマグネットが使用されているので，飛散防止のため
に金属製に替えるように」との指摘があったとします．通常，監査で指
摘を受けた場合は改善報告書を提出しなければならないので，上記指摘
に対しては「このように変更しました」と写真付きで書類作成します．
ところが，改善するのは指摘された現場のプラスチックマグネットだけ
で，他の現場ではまったく対応していない会社を見かけることがありま
す．外部監査は，自社の現在の状況を改善できる最高のチャンスなの
で，ぜひ社内での水平展開を心がけてください．

　また，監査員から「御社は○○点ですよ」という情報をもらうことも
ありますが，点数の付け方は監査機関によってまちまちで，高い点数を
付けてもらったからといって"自社の状態は良い"と安心しないでくだ
さい．点数を営業活動に利用するのは自由ですが，食品安全経営の視点
からは指摘された悪い点を真摯に受け止め，これを自社のリスクととら
え，改善に努めることが重要です．

1.2.5　リスクの分析・評価

　リスクを把握したら，それぞれのリスクについて，自社にとっての食
品安全上の重要度を決めていきます．

　大手企業では，想定されるリスクに対しては何らかの対応を当然のよ
うにしているだけでなく，FSSC22000，ISO22000といった既存のマネ
ジメントシステムを当てはめている場合が多いため，リスクを分析して
優先順位をつけるという活動をする必要はあまりありません．一方，経
営資源の限られた中小企業では，すべてのリスクの対策を行う財務的な
余力がありません．そこで経営者や品質保証責任者が頭の中でリスクを
分析し，対策の優先順位を直観的に決めているケースが多いようです．
ただその場合，抜け漏れが発生する可能性があるので，本項で述べるリ
スク分析評価のプロセスを使い，一度現状を整理・シミュレーションし
てみることで，自社のリスク対応策を強化することができます．

なお，この作業は，経営者一人が行うのではなく，数名の経営幹部・食品安全担当者がディスカッションして進めてください．これにより，分析・評価の精度が上がるとともに，リスクに対する関係者の共通認識を生むことになります．

（1）リスクの特定

まず，環境分析で確認した業界の回収状況，自社のクレーム発生内容等の項目を元にして，自社にとって考えられるリスクを特定します．ここではリスクの大小にかかわらず，考えられるリスクをすべて列挙します．

一例を**図表 1-17** に示します．このように，考えられるリスクがすべ

大分類	小分類
異物	ガラス片・金属等硬質異物 虫 軟質異物 毛髪
化学物質	農薬 天然毒物
微生物汚染	カビ，酵母，大腸菌等の微生物 食中毒事故原因の微生物
品質不良	アレルギー物質混入 容器・包装不良 異味異臭 商品の焦げ 形の不良
不適切表示	アレルギー物質表示の間違い 賞味期限の間違い 原料原産地の間違い 印字のカスレ その他の表示違反
表示以外の法令違反	食品添加物 その他法令違反

図表 1-17 リスクの特定例

て分類，網羅されている必要があります．経営幹部でしっかり話し合って，自社のリスクを洗い出しましょう．

(2) リスクの大きさを決める「影響度」と「起こりやすさ」

リスクの大きさは，1.2.2項で示したとおり，

$$リスク ＝ 影響度 \times 起こりやすさ$$

で示されます．したがって自社のリスク分析では，図表1-17で特定したそれぞれのリスクについての「影響度」と「起こりやすさ」を想定・決定していきます．万一この分析を間違えると，経営に多大な影響を与えますので慎重に行います．

＜影響度＞

「影響度」とは，リスクが顕在化した場合の影響の大きさを示すものです．最も影響度の大きいものは，顧客の人体に影響を与えるような状況を発生させることです．次に大きい影響度は，商品回収の発生です．

影響度の小さいものとしては，消費者の満足度の低下です．もちろん，消費者の満足度を低下させてよいはずはありません．しかし，あくまで経営に直結する影響度という観点から見ると，相対的に影響度が低くなります．

これらの影響度の大小は，扱う商品によってそれほど大きな違いはありません．しかし，リスク分析の討議の中では，経営への影響度について一つひとつ話し合うことが重要です．

＜起こりやすさ＞

起こりやすさは，それぞれの会社が扱う商品や，自社の管理状況によって大きく異なります．環境分析で確認した「業界特性」，「社会環境の変化」，「自社のクレーム状況」，「内部チェックリストの結果」，「外部監査員の意見」等を総合的に判断して，経営幹部の話し合いで決めていきます．起こりやすさは3〜4段階程度にランク分けするとよいでしょう．

（3） リスク分析・評価

「影響度」と「起こりやすさ」が決定した後，リスク分析の手法に従いリスクを分析します．食品安全リスク評価の場合，**図表 1-18** に示すように，影響度と起こりやすさについて 4×4 のマトリックスに分けるのが適当でしょう．リスク特定でリストアップした自社のリスクを，マ

起こる可能性が高い	D	C	B	A
起こる可能性がある	E	D	C	B
起こる可能性を否定できない	E	E	D	C
まず起きない	E	E	E	D
	消費者の満足を損なう	商品回収となる可能性がある	商品回収	人体に危害を与える

図 1-18　リスクの優先順位付け

起こる可能性が高い	毛髪 商品の焦げ 形状不良	容器包装不良 軟質異物 印字のカスレ	賞味期限印字ミス	硬質異物 アレルギー物質混入
起こる可能性がある		異味異臭	虫 大腸菌群陽性 カビ	アレルギー表示ミス
起こる可能性を否定できない			その他の法令違反 その他の表示違反 酵母	
まず起きない			農薬 天然毒物 食品添加物基準違反	食中毒原因微生物
	消費者の満足を損なう	商品回収となる可能性がある	商品回収	人体に危害を与える

図表 1-19　リスクの優先順位付けの例（図表 1-17 のリスク項目）

24　　　　第1章　中小企業の食品安全経営

トリックスの中にあてはめていきます.

　リスクの評価は，マトリックス内にある A（最も重要）〜E（特に重要ではない）で行います.

　この表に図表1-17のリスク項目を当てはめた例を，**図表1-19**に示します.

(4)　リスク対応

　リスク分析を受けて，会社の経営資源を考えながら，特に優先して対

●硬質異物　　●アレルギー物質混入
●アレルギー表示・賞味期限印字ミス
●虫の混入　　●カビの発生　　●大腸菌群陽性

図表1-20　リスク対応重点項目の決定（例）　図表1-19の優先順位に基づく

応すべき重点項目を決めます.　一例を**図表1-20**に示します.

　この内容を，次節の組織運営で述べる食品安全目標に設定した上で，具体的な食品安全施策の検討に入ります.

　さまざまなリスクに対する食品安全施策の具体策は，第Ⅱ部の一般衛生管理で詳細に解説をしていきますので，自社の重点対応した部分については特にしっかり目を通してください.

1.3　食品安全組織の運営

　食品安全経営は経営者一人で実現できるものではありません.　トップから現場の作業者に至るまで，商品にかかわるすべての人が，それぞれの持ち場で継続的な取組みを行うことではじめて実現するものです.　各人が「やるべきこと」は次章以降で詳細に述べますが，「やるべきこと」を，「実際に，確実にやれる」組織になっていなければ，食品安全経営は絵に描いた餅になってしまいます.　本節では食品安全経営を実施するうえで，特に中小企業が必要な組織の在り方について述べます.

1.3 食品安全組織の運営

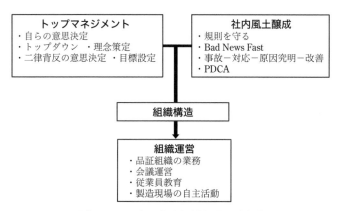

図表 1-21　食品安全組織運営の全体像

　食品安全組織運営として考慮すべきこと，実行すべきことの全体像を，**図表 1-21** に示します．

　組織運営の前提として明確にしなければならないのは，「トップマネジメント」と「社内風土の醸成」です．**図表 1-22** に示す通り，会社の運営は，売上や利益を目標とした，前向きの事業成長マネジメントを中心に動いています．一方で食品安全のような，後ろ向きのリスク回避マネジメントも両立させながら運営しなければなりません．その結果，前向きのマネジメントと後ろ向きのマネジメントとが相反するケースが出てきます．このような二律背反に対して，トップはどちらを選択するのか，一つひとつジャッジする必要があります．しかし会社の中では，

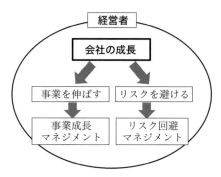

図表 1-22　社内で定着させるべき2つのマネジメント

日々の売上利益を担っている事業成長マネジメントの実施者の立場が強く，食品安全のような後ろ向きのマネジメントは軽視されがちです．そこで食品安全マネジメントを必ず遂行する，というトップの強い意志表示と，社内風土が重要になります．本項では図表1-21の内容を具体的に説明していきます．

1.3.1 トップマネジメント

経営資源の限られている中小企業では，食品安全に多額の経営資源を割く余裕はありません．食品安全のようなリスクを回避する業務は，営業や製造のように日々数字の結果が出る業務ではありません．さらに食品安全業務はルールを定めたり，ルールから逸脱した人を注意したりなど，社内では嫌われ役になりかねない仕事です．したがって中小企業の食品安全経営では，まずトップが食品安全活動の重要性を強く認識して，先頭に立って活動する役割を果たさなければなりません．

（1） トップが自ら意思決定をする

企業経営の中で食品安全マネジメントは，資金繰りや労働安全などと同様のリスク回避のマネジメントの位置づけです．万一事故が起きて，自主回収という事態になったとき，どれだけ経営にダメージがあるかということを経営者自身がしっかり意識して，具体的にどのような施策をとるのかトップが自ら意思決定をします．

しかし中小企業では「取引先から要請されるがままに」「法律が変わったので仕方なく」などのような消極的な姿勢で食品安全に対応する経営者も少なくありません．経営者は自社の食品安全リスクを認識したうえで，常に最新の食品安全情報を入手して，先頭に立って食品安全組織運営を実現します．

（2） トップダウンの指示

経営者は食品安全経営にかかわる方針をトップダウンで従業員に伝

え，社内の隅々まで徹底しなければなりません．

　業務の中で「売り上げを伸ばす」「利益を上げる」「ラインの歩留まり
を上げる」「画期的な新商品を開発する」といった方針は，それがその
まま会社の業績につながるということは，誰が考えても明確です．しか
し，「食品安全マネジメントを徹底する」という方針は，一見，売り上
げや利益に直結しないと思われてしまうことから，トップの強いメッ
セージにより推し進めなければ，社内に浸透しません．逆に，当初は
コストアップにつながる業務である場合が多いことから，社内からは
「業績がここまで厳しいのに，なぜそんな手間のかかることをやるのか」
「長年問題が起きていなかったやり方を，なぜ変えなければならないの
か」という不満の声が沸き起こるケースもあります．したがって，経営
者が本気で食品安全経営強化のために舵を切ろうと思っていても，「強
い意志を持って変革していく」ことを社員に言葉でしっかり伝えていか
なければ，成功は難しいでしょう．

　ISO22000では，このトップダウンの考え方を「経営者のコミットメ
ント」という言葉で，必須プロセスとしています．これは，中小企業の
食品安全マネジメントでも同じです．

(3)　理念（食品安全方針）の策定

　経営者のトップダウンの考え方を言葉にして，社内外に広く宣言する
ものが「食品安全方針」です．実例を**図表1-23**に示します．このよう
に，「食品安全方針」だけを独立させて社内外に示す場合もありますし，
経営理念として提示する場合もあります．

(4)　二律背反の意思決定

　会社は「売り上げ・利益」を目標とした営業部門，「決められた数
量・品質の製品を確実に供給すること」を目標にした生産部門で成り
立っています．これに対して「事故を起こさないこと」を目標にする食
品安全部門の業務は，短期的には営業部門や生産部門と二律背反を起こ

食品安全方針

icing sugar **TOKUKURA** 株式会社 **德倉**

私たちは、お客様、お取引先様、株主、社会、そしてこの会社で働く人達の為に、
安心・安全な製品を提供し、社会に貢献いたします。

- FSSC22000に基づいた食品安全マネジメントシステムを構築、実施します。
- 食品安全法規制および当社が同意したお客様要求内容について遵守します。
- 定期的な食品安全マネジメントシステムレビューを実施し、システムの有効性の確認と見直しを継続的に行います。
- お客様、お取引先様とのコミュニケーションを大切にし、常に食品安全に関する知識の向上を図ります。
- 会社で働く私たち全員が、食品安全方針を理解し実施します。
  そのために、食品安全に関する力量を確保するとともに、適切な情報開示と情報交換の場を設け、
  コミュニケーションNo.1の会社を目指します。

図表 1-23 食品安全方針（例）

出典：株式会社德倉 HP：https://tokukura.co.jp/philosophy/

すことがあります．このような二律背反に対する対応を決定するのは，トップです．例えば，納期が迫っているのに，異物が入った可能性がほんのわずかにある製造ロットが出たとします．「検品をすると納期に間に合わない」このようなときに，発生した状況と，納期の状況を総合的に判断して，いったん出荷止めをするのか，そのまま出荷するかの判断は，製造，品質リスク，客先の状況をすべて把握しているトップが決定しなければなりません．

（5）食品安全目標の設定

会社の各組織の目標を設定するのはトップの役目です．売り上げや利益，生産性などの目標はわかりやすく数値化することができますが，食品安全の目標は定性的なものが多く設定の難易度が高いです．社会環境，自社のリスク，組織の現状を加味しながら，全社的に意欲を持って

取り組める目標を設定することもトップの役割です.

　数値化できる食品安全目標として最もわかりやすいのは，クレーム率です．クレーム率は一般的に次の式で計算します．

$$クレーム率(ppm)＝クレーム件数／出荷数×100$$

　クレーム率をモニターできる体制を整え，クレーム率の年間目標を設定するのは，多くの会社で実施しているわかりやすい目標設定です．これ以外の目標は，会社のリスクに対応して具体的な実施項目を目標として設定するとよいでしょう．

1.3.2　社内組織風土の醸成

　食品安全の最終目標は事故を起こさないことです．事故の多くは，たった一人の従業員のミスが原因です．トップの役割は重要ですが，会社全体すなわちトップから入社間もないパート従業員までの一人ひとりが食品安全に対する強い意識を持っていることが重要です．そのために必要ないくつかのポイントを述べます．

（1）　規則を守る

　食品安全経営を実現するための最も重要な組織風土は「決められた規則を守ること」です．日本には「本音と建前」という土壌があります．会社の事務所の壁に規則が貼ってあっても「あれはただ書いてあるだけ」という意識がまかり通っている，というのが典型的な例です．このような社内風土は絶対あってはなりません．すべての食品安全マネジメントは，従業員が「規則を守る」ことを前提につくられています．作った規則が現場で守られなければ，食品の安全は担保できなくなります．

　「規則を守る風土」を作るためには，まず経営者が"率先垂範"しなければなりません．第Ⅱ部で述べる一般衛生管理を実行すると多くの「規則」を導入することで現場の負担が大きくなります．そのため，現場の反発により規則が守られず，食品安全マネジメント全体が機能不全

となってしまうことがあります．そのようなことを避けるため「規則」を定める際には，"本当に実行できること"，"実行させる必要度の高いもの"を厳選する必要があります．決められたことは"必ずやらなければならない"のですから，決めるときには，単にやるべきものかどうかで決めるのではなく，"本当に実行できるもの"のみを選定しなければなりません．

食品安全については"あれもやらなければならない""これもやらなければならない"というものばかりです．しかし，必ずしもすべて実行できるわけではないので，規則を決める際は，1.2リスクマネジメントで述べたリスクの優先順位を参考にしながら，重要度と実行の可否を十分勘案して，確実にできるものだけを規則化しなければなりません．

また，特に中小企業の場合は，経営者自らが先頭に立って規則を遵守し，従業員に波及させていかなければなりません．"規則を守る"という社内風土は，食品安全に関する規則の徹底だけでは醸成されません．例えば，「会議の5分前に会議室に入る」という，ビジネス現場ではあたり前のことができている会社か，そうでない会社かによっても，規則の達成度は大きく変わってきます．いつも部下を待たせて平気で遅れて会議室に入ってくる社長さんがいらっしゃいましたら，食品安全マネジメント実現のためにも，是非，ご自分の行動を見直してみてください．

(2) Bad News Fast

「危機が発生したときのトップへの伝達」という緊急時の対応や「食品安全マネジメントの推進」のためには情報共有が重要です．例えば，現場で品質的に問題がある製品が発生してしまったとき，これを出荷するかしないかは，品質管理責任者が一次判断をするのが一般的です．しかし，出荷しないことで大量の欠品が発生し取引先に多大な影響を与えてしまうという場合には一刻も早く判断を下さなければなりません．このような経営に大きな影響を与えかねない食品安全上の問題発生の際，その情報が速やかに経営者に伝わる体制・企業風土になっていることが

大切です.

　そのため理想的には危機管理マニュアルを作成し，発生した状況に応じてマニュアルに従い対応する，という仕組みづくりも必要です．しかし，そのようなマニュアル作りまで手が回らないという中小企業の場合は，現場や営業の責任者が「Bad News Fast」の意識を強く持ち，速やかに経営者に情報が伝わる企業風土になっていることが大切です．現場では，事態をなるべく秘密裡に，最小限にとどめておきたい，という空気があると思いますが，悪いニュースほど，早く上層部に伝達するようにします.

　「Bad News Fast」の企業風土を作る責任は経営者にあります．部下が悪いニュースを経営者に報告したとき，いつも「なんでそんなことになったんだ！」と激怒する経営者だったらどうでしょうか？部下は事故が起きた時，上司に報告すべきかどうかいつも迷ってしまいます．その迷いがタイムロスになり事態を悪化させることもあります．経営者や上司は，悪いニュースを部下が持ってきたとき「よく真っ先に報告してくれた．ありがとう」と部下をほめる姿勢でいるべきです.

(3)　神様は見ている　〜事故対応は「事故→対応→原因究明→改善」

　どんなに注意をしていても事故は起きます．重要なのは事故が起きたときに，必ず事故原因を明確にして，改善策をとることです.

　事故が起きた直後は，お客様対応や取引先への連絡，報告書の提出等で忙殺され，目先の対応が最優先になります．対応が一段落すると，やれやれ，となってしまいますが，これからが食品安全マネジメントの本番です．「原因究明」（なぜ事故が起きたのかの整理）をした後，再発しないように業務フローの「改善」を行わなければなりません．事故というのは業務フローに何らかの問題があって起きるので，「原因追及」「改善」は必ず実施しなければなりません．原因がわかって，改善策も決めたのに，他の業務が忙しい等の理由で，実行されないケースもありますが，これは許されることではありません.

食品安全マネジメントの基本的なポイントは「同じ過ちを繰り返さない」ということです．改善すべきことがわかっているのに改善しないというのは最も悪い対応です．そういう時に限って，さらに大きな事故が起きます．

これを私は「神様は見ている」と考えています．事故は事業の脆弱性の顕在化であり，事故を神様がくれた教訓と考え，愚直に再発防止の努力をすることで，全体の脆弱性が修正され，結果として食品安全性が高まります．そう「神様は努力する人に微笑んでくれる」のです．

(4) PDCAによるスパイラルアップ

食品安全マネジメントの仕組みがある程度できてきたら，最終的には，**図表1-24**のようにPDCAサイクルを回して，食品安全施策を継続的にスパイラルアップできる組織を目指してください．

食品安全マネジメントにおいて，P（Plan：計画）は"食品安全目標の設定"です．その目標は「クレームの件数」「内部管理による品質目標（不良品率）の達成」「分析精度の向上」など，いろいろ考えられます．年度の初めに，品質管理責任者が目標を起案し，経営者が食品安全会議の場で承認する，という手続きを踏むのが一般的です．D（Do：実行）は"日々の食品安全作業"になります．次にC（Check：監視）では，決めた目標ができているかいないのかを，定期的に数字を見て確認します．

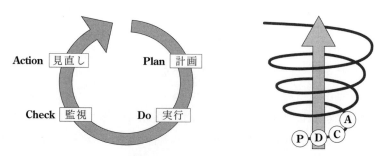

図表1-24 PDCAサイクル

そして，年度末に（場合によっては中間チェックも必要）目標が達成できたかどうかを確認します．達成できた場合は，次年度はさらに高い目標を設定します．達成できなかった場合は，なぜできなかったのかを検証し（Action：見直し），P（計画）を改善します．このような活動を毎年繰り返すことによって，会社の食品安全レベルは確実に高くなっていきます．

1.3.3 組織体制と品質保証組織の役割

食品安全経営を実施するために必要な組織構造の基本的な考え方を**図表 1-25**に示しました．

この図では，食品安全に携わるのは品質保証課ですが，ポイントは品質保証課が他の組織には属さず，社長の直下に置かれているということです．食品安全にかかわる諸施策は，時として短期的な事業利益と矛盾する場合があります．製造部や営業部は短期的な利益を追求するのが仕事です．そのため食品安全の実現のために，品質保証課長に製造部長や営業部長と同等の強い権限を持たせ，目先の利益に反してでも食品安全を優先する意思決定ができるような体制にする必要があります．品質保

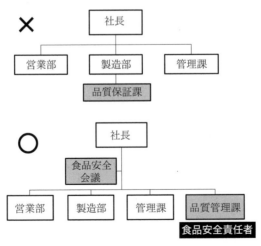

図表 1-25 食品安全マネジメントを遂行する組織の姿

証課長に指示できるのは社長だけです.

　例えば,製造のミスにより発生したと思われる,わずかな品質リスクのある商品について,「非常に重要な顧客なので,納期に間に合わせるため出荷したい」という要求が営業からあったとします.品質保証課長はそれを拒否できる権限を持っています.品質保証課長の権限に優先できるのは社長だけです.場合によって社長は,「出荷しなさい.万一問題が起きたら自分が責任取る」というかもしれません.逆に「客先には自分が謝りに行くから,出荷を止めなさい」というかもしれません.この例のような,「出荷したい」と「品質に不安」という二律背反に対して,意思決定できるのは社長だけなのです.

　このように緊急時はスピード感をもって社長が意思決定しますが,通常の業務では食品安全に関する考え方,進め方を,食品安全会議という公式会議を設けて議論します.この会議の進め方は次項で説明します.

　食品安全に対して強い職務権限を持つ人（上記の例では品質保証課長）を,「食品安全責任者」として社内で定義します.

　ごく小規模の企業で,食品安全責任者を置く余裕がない場合もあります.その場合は社長が食品安全責任者となります.会社の中で,誰が食品安全の責任者なのかを明確にしておく必要があります.構築した組織は図示して,それぞれの権限を明確にし,従業員全体が見て理解できるような場所に掲示しておきます.

1.3.4　食品安全経営の遂行

　食品安全マネジメントの陣頭指揮をとり責任を持つのはトップですが,実際に食品安全活動や施策を実施するのは,品質保証課などの食品安全組織です.本項では食品安全マネジメントの実際の活動について述べます.

（1）　食品安全組織の業務内容

　一般的な食品安全組織の役割と業務内容例を**図表 1-26** に示します.

1.3 食品安全組織の運営　　**35**

```
＜組織の役割＞
● 全社食品安全目標（例：クレーム○○件）を実現するための
　具体的な施策実行と社内体制整備
● 品質事故発生の第１義的な責任部署
```

```
＜必須業務＞
● ルールの起案
　　　文書管理（品質基準，管理書類），品質保証機器の設置
● 事故／クレーム対応
　　　「処理」でなく、「改善活動」の事務局
　　　　　事故➡緊急対応➡原因究明➡改善➡水平展開
● 食品安全活動事務局
　　　食品安全会議運営，教育活動，5S 活動，防虫活動　等
● 出荷判定
＜必要に応じ実施する業務＞
● 化学分析　　● 客先監査対応　　● 客先向け規格書作成
● HACCP 事務局　　● 認証事務
```

図表 1-26　食品安全組織の業務内容（例）

＜組織の役割＞

　食品安全組織の役割は，全社で決めた食品安全目標実現のための実際の施策の実施と社内体制の整備です．したがって食品安全関連の案件については，製造現場に対して指示をする権限を持ちます．

　一方で実際に品質事故が起きたとき，事故発生の責任は，まず食品安全組織にあるとします．品質事故はルールや仕組みの不備が原因であることが多いからです．一方，ルールがあるのに現場が守らなくて発生した場合は，製造現場の責任になります．

＜必須業務内容＞

　食品安全マネジメントはルールで出来ています．これらのルールは誰かが勝手に作ってはいけません．各製造現場が異なるルールを作ってしまったら，会社全体としての整合性が取れません．作るべきルールについて本書では第 II 部で詳細に説明しますが，その内容を自社に適応した形で文章化・起案するのは，食品安全組織の役割です．このルールは，食品安全会議で決定し各組織の長を通じて全社に徹底してもらいます．

各製造現場には品質保証機器（金属探知機やX線検査装置等）が設置されています．これらの機器は後述するHACCPのCCP（重要管理点）に相当することが多いです．これらの品質保証機器の設置基準や機器精度が製造現場ごとにばらばらではいけないので，品質保証機器の設置については食品安全組織が統一的に設置します．

実際に事故が起きたときは，1.3.2（3）項でも述べた「緊急対応→原因究明→改善→水平展開」の一連の作業に関する事務局機能は食品安全組織が担います．まず重要なのは緊急対応です．緊急対応は「正確な情報収集」「速やかな関係者との情報共有」「素早い意思決定と発信」が重要になります．これらの対応は，経験が重要になりますので食品安全責任者がトップと連携して行わなければなりません．緊急対応が終了した後に，原因究明，改善を行います．また，一つの現場で起きた事故を，類似の他の現場に水平展開して，事故が結果的に全社的な改善につながるような対応もしていきます．

食品安全組織は，消防署にもたとえられます．「火事が起きた時，できるだけ素早く消火につとめる」とともに，「普段から火事が起きないよう，地道な防火活動」を行います．

普段の地道な活動が，各種事務局の活動です．すべての会社で実施する必要があるのが，本項で後述する「食品安全会議運営」「教育活動」，第II部で述べる「5S活動」「防虫活動」などです．

食品安全組織のもう一つの重要な機能として「出荷判定」があります．具体的な運用は会社によって異なりますが，会社からでていく商品の品質が設計通りになっているか判定する仕組みを，品質保証組織が設定し，場合によっては検査も行う必要があります．

＜必要に応じ実施する業務＞

その他，会社の状況に応じて食品安全組織が実施する業務は，主に出荷判定のために行う「化学分析」「客先監査対応」「製品規格書作成」などがあります．またHACCP管理，ISO22000，FSSC22000，JFSなどの認証を取得している会社はこれらの取組みの事務局をやることもあります．

＜食品安全業務の優先順位付けとスタッフ配置，教育＞

これまで述べたように，食品安全組織の業務は多岐に渡ります．業務過多で消化不良にならないよう，トップは組織の人数，スキルに応じ，リスクマネジメントの考え方に基づいて優先順位をつけたマネジメントを行う必要があります．

食品安全組織のスタッフは製造や営業部門の者とは切り離して専任化にします．食品安全責任者１名＋専任スタッフ１名とするのが最低限の体制ですが，専任スタッフを置く余裕がなければ，権限のある食品安全管理者（品質管理課長など）がスタッフを兼任せざるを得ない場合もあります．

食品安全責任者は，食品安全についての十分な知識を持っている必要があります．そのため，本書の内容は最低限把握し，また社内教育が難しい中小企業では，外部研修に参加させ最新の実務上の知識を持たせることが必須です．したがって経営者は，食品安全担当者スタッフ育成のために，どのような研修を受けさせればよいのか知っていなければなりません．上手く人を育てることが，結局，少ない経費で大きな効果を上げることにつながるのです．

(2)　食品安全会議

中小企業の場合，部長，課長の管理職は非常に多忙で，自分の職務をこなすことで精いっぱいです．そのため，食品安全業務については，品質保証業務関係者以外あまり理解されていないことが多いようです．しかし食品安全マネジメントを推進するためには，経営者のバックアップはもちろんのこと，製造部門，営業部門，管理部門の参加が不可欠です．そこで，製造・営業・品質管理の課長クラス以上と，経営者が集まった「食品安全会議」を定期的に開催します．会議の審議内容例を**図表 1-27** に示します．

まず話をするのは，前項で説明したルールの決定です．ここでは製造のルールだけではなく，品質基準についても確認し，営業も共有するこ

```
①ルールの決定
    ＜文書管理（製造マニュアル，品質基準，管理書類等）＞

②クレームの報告，対策の適否判断

③社内活動（教育，5S 活動・・・）の進捗報告
    進め方の意思決定，修正の議論
```

図表 1-27 食品安全会議の審議内容（例）

とが必要です．最近は食品安全について取引先から問い合わせを受けることが多く，営業が品質保証活動の実務を理解していることも重要です．

合わせて「クレーム報告」と「クレームに対する対策」を議題とします．先にも述べたとおり，クレームは“食品安全リスクが顕在化したもの”なので，放置しておくと大きなリスクにつながる可能性があります．またクレームについて，営業・製造・品質管理部門が話し合うことは情報を共有することにもなり，リスク低減に対して大きな効果があります．

(3) 従業員教育

事故を起こすのは，経営者でもなく，食品安全組織でもありません．事故は現場で起きます．食品安全は現場で働いている従業員一人ひとりがしっかり教育され，高い意識を持つことによって実現されます．経営者や食品安全組織は，それをサポートする機能を持ちます．以下に具体的な教育の進め方を記します．

① 階層別，職務別教育

年間計画を作成し，階層別・職務別教育を実施します．具体的には以下の通りです．

・全員：“食品工場に従事する上で持つべき知識・技能”について

・工場の管理職・リーダー：食品安全システム管理に必要な研修（本書第1章　内容レベル）

・食品安全組織のメンバー：文書管理，分析技術，食品マネジメントシ
ステム，一般衛生管理（本書第Ⅱ部の内容），食品関連法律知識など，
専門知識．外部講習が望ましい．

・新人：就業規則説明や衛生教育，安全教育

　以上のような，階層別・職務別に教育を行う年間計画を立てて実施し
ます．

　これらの教育については，実施日，参加者名，実施内容，講師名，あ
るいは研修所名などの記録が必要です．また，従業員の衛生教育，安全
教育や就業規則の指導については朝礼なども活用し，継続と徹底を図る
ことが重要です．

　② 作業トレーニングと力量評価

　各職場の作業者は，それにふさわしい力量を有していることが重要で
す．そのため，作業者が工程の設備を稼働させ，製品が合格品であるこ
とを判定でき，運転状況や製品の合否判定結果などを生産日報に記録
し，生産終了後の清掃・消毒など一連の作業ができるようにするなどの
作業トレーニングを実施します．

　例えば「○○年度教育訓練年間計画」に則り，作業者Bに後工程の
金属検出機操作をトレーニングするとします．

　　　a）　製造部の金属検出機を熟知したスタッフPが，作業者Bに"作
　　　　　業の目的や概要""重要性""安全上の注意事項"などを指導しま
　　　　　す．

　　　b）　実務指導者として作業者Cが指名され，作業者Bは作業者C
　　　　　から"運転方法"や"運転状況および製品の合否判断"など，
　　　　　一連の実践指導を受けます．このとき，作業トレーニングのテ
　　　　　キストになるのが「金属検出機操作手順」と「金属検出機機能
　　　　　チェック手順」です．さらに「金属検出機操作記録」の記入方
　　　　　法の指導を受けます．

　　　c）　作業者Cは作業者Bに対して"一人作業可"の判定をし，職
　　　　　長は作業者Cからその報告を受けます．作業者Bの"一人作業

実習"の結果，職長が作業者 B の力量を評価し，合格と判定します．

d)　その判定が製造部に報告され，係長が承認し，作業者 B の作業トレーニングが完了します．これらについては，「○○年度教育訓練年間実施記録」に記録します．

職長は，作業トレーニング記録を基に，作業者のライン配置を決定します．品質管理部門，メンテナンス部門等，それぞれの部署では各員の力量に応じた業務分担をしなければなりません．そのため，外部や内部での作業トレーニングや研修が必要です．

教育の実施，記録に際しては，力量評価のルールと方法があいまいな事業者が多いように思えます．特に記録がなく "各作業者の技量は管理責任者の頭の中に入っている" というような人員配置ではいけません．「作業トレーニング手順」や「力量評価手順」を作成して，第三者にもわかるような人員管理ができるようにしておくことが大切です．

(4)　従業員の意識付け　〜自主的活動による意欲・意識の向上

教育訓練で知識や技能は身に付いても，意識の向上まではなかなかむずかしいと思います．そこで，自主管理体制の仕組みを作るとよいのではないかと思います．例えば，自主職場巡視，自主防虫委員会など，自主的な取組みを推進することによって，従業員の意識と意欲の向上を図るのです．

例えば，「自主職場巡視」では食品安全組織部員がリーダーとなり，自主的に職場巡視のテーマを決めて，機能組織図に捉われずに経営層，従業員などいろいろな立場の者を組合わせた巡視班として，各職場を巡視して回ります．そして，巡視で見つけた問題点を全員で出し合い，その問題の解決策案を出して実施に移し，その結果がどうであったかの判定をします．こうした活動の繰り返しの中でメンバーの力量も確実に上がり，各自の意識向上にもつながっていきます．

これらの活動では，生産職場をいつもと違った立場と目線で見るこ

と，その結果と改善活動に関する会議が，効果的に実施されることが重要となります．このような会議では，現場を点検した側が一方的に事実を伝えることに終始しやすいものですが，会議の目的は悪い結果を突きつけることではなく，"点検・検証の提出"や"問題点の原因究明・改善の討論"にあります．この討論を経ることで，各メンバーの能力が向上することを主旨とします．

自主活動によって早め早めに対策がとれるようになり，それで現場責任者から褒められれば，意識や意欲がますます向上していきます．経営者や現場責任者は，従業員の取組みや結果に対し，評価したり褒めたりすることを忘れてはなりません．

(5) 食品衛生管理者と食品衛生責任者

食品工場では，法令に基づき「食品衛生責任者」は必ず，「食品衛生管理者」は必要な業態の場合，設置しなければなりません．

① 食品衛生責任者の設置

食品衛生責任者は，すべての施設，またはその部門ごとに置かなければなりません．食品衛生責任者の選任・配置については，本書付録 2 の食品衛生法施行規則別表 17 の 1 に記載されています．

食品衛生責任者の役割は，施設において食中毒や食品衛生法違反を起こさないように食品衛生上の管理運営を行うことで，保健所が実施する講習会などを定期的に受講する必要があります．講習会については各都道府県（保健所）にお問い合わせください．「食品衛生責任者」は，後述の「食品衛生管理者」のいる施設には置く必要はありませんが，"食品営業を行う場合，許可施設ごと"に食品衛生責任者を置く必要があり，1 人が複数の施設を兼任することはできません．

② 食品衛生管理者の設置

食品衛生管理者の設置義務の対象となる取扱い食品，および添加物は以下のとおりです．

・全粉乳（その容量が 1,400 g 以下である缶に収められるものに限る）

・加糖粉乳　・調整粉乳　・食肉製品　・魚肉ハム

・魚肉ソーセージ　・放射線照射食品

・食用油脂（脱色または脱臭の過程を経て製造されるものに限る）

・マーガリン　・ショートニング

・添加物（食品衛生法第13条第1項の規定により規格が定められたものに限る）

　食品衛生管理者の資格要件，食品衛生管理者登録講習会は「厚生労働省ホームページ」でご確認ください．

第2章　食品安全施策の理解

　第1章では，食品安全マネジメントを実施するために必要な経営の視点，リスクマネジメント，食品安全組織運営などについて説明しました．

　食品安全マネジメントには，デファクトスタンダードがあります．デファクトスタンダードとは「事実上の標準」という意味で，業界の標準として多く採用される制度や機構のことです．食品安全経営はデファクトスタンダードに基づいておこなわれることが多いです．デファクトスタンダードにはHACCPやISO22000などの認証があります．一方で，日本で事業を行うには，法律に従う必要があります．法律にもデファクトスタンダードが取り入れられることがあります．2021年6月施行食品衛生法のHACCP義務化はその一例です．デファクトスタンダードも法律も，食品安全リスクを減らすための仕組みなのでこれを総称して本書では，「食品安全施策」と呼びます．食品安全施策には様々な用語があるので，本章ではその全体像と概略を解説していきます．

2.1　食品安全施策の全体像

　食品安全施策の全体像を**図表2-1**に示します．

　食品安全施策は，「制度」と「手法」に分けられます．「手法」とは，食品安全の為に実行しなければならない手順のことです．あくまで手順なので，過去に提案され

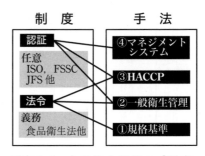

図表2-1　食品安全施策の「制度」と「手法」

た様々な手順が歴史的経緯を経て，現在デファクトスタンダードとして定着しているものです．「手法」は①規格基準 ②一般衛生管理 ③HACCP ④マネジメントシステムの4種類があります．

これに対して，「制度」は①〜④の「手法」を組み合わせて体系化したものです．「制度」は「法令」と「認証」に分けられます．

「手法」のいくつかは，食品衛生法などとして法律に体系化・義務化されています．これが「法令」です．一方，「認証」には様々な種類があります．そして「認証」によって組み合わせる「手法」が異なります．

「法令」と「手法」の関係，「認証」と「手法」の関係を示したのが，**図表 2-2** です．まず，図表 2-2 の左側の「法令」と中央の「手法」の関係について説明します．2019年までは，旧食品衛生法で義務化されていた「手法」は「①規格基準」だけでした．「②一般衛生管理」に関しては，食品衛生法ではなく都道府県条例で規定されていたため，厳密には各都道府県で内容が異なっていました．これが2018年公布された新食品衛生法には「②一般衛生管理」が記載され，法令として2021年6月から完全義務化になりました．さらにこの改正では，「③HACCP」が義務化されましたが，従業員50人以上の事業所は完全なHACCPを

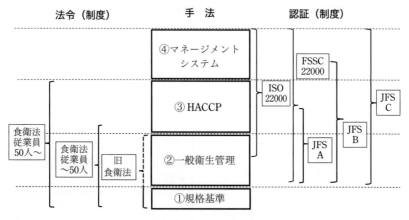

図表 2-2 食品安全システムの「法令」・「認証」と「手法」の関係（イメージ）

実施しなければならない一方，従業員 50 人未満の事業所では，簡易的な HACCP が許されるダブルスタンダードになっています．「④マネジメントシステム」は現段階で日本の法律にはなっていません．

　続いて，図表 2-2 の右側の「認証」と「手法」の関係について説明します．現在，日本でよく使われている認証として，ISO22000，FSSC22000，JFS -A, B, C があげられます．FSSC22000，JFS - C は②，③，④すべてを実施しないと認証が取れません．これに対して JFS -A, B は②，③と④の一部の実施で認証が取れます．このように認証の種類によって要求される手法が異なります．

　ここで，「法令」と「認証」の違いについて説明します．食品事業を営む以上「法令」は必ず守らなければなりません．しかし食品衛生の法令は多岐にわたります．さらに守っていないという事実だけで摘発されることはほとんどありません．例えば，一般衛生管理に関して，食品衛生法施行規則別表 17「2 施設の衛生管理」の中に「イ施設及びその周辺を定期的に清掃し，施設の稼働中は食品衛生上の危害の発生を防止するよう清潔な状態を維持すること」という記載があります．「施設の清掃」をしなければならないことは法律で決まっているが，それをやらなければそれだけで摘発されるかというものではなく，またどこまで清掃すれば法律的に OK なのか明確ではありません．

　しかし工場で何らかの食品事故が起き，清掃が不十分だったことが食品事故の直接原因として認定された場合「清掃不十分による食品衛生法違反」となる可能性があります．

　このように「法律」は守らなければならないですが，「本当に守っているかを外部から検証できない」「具体的にどこまでやればいいのかわかりにくい場合がある」という特徴があります．これに対して「認証」は，「法律」よりはるかに細かい遵守要求事項があり，何よりも外部の人の監査を受け，認証の要求事項を満たしている場合にのみ，認証を受けることができます．

　「赤信号を守らなければならない」は法律ですが，日本人が全員守っ

46　　　　　　　第2章　食品安全施策の理解

ているとは限りません．これに対して「この会社は必ず赤信号を守っている」と外部機関が認定するのが認証です．

　本章では，図表2-1，2で示した「手法」と「制度」について概略を説明し，第II部（3, 4章）で「②一般衛生管理」の詳細を説明します．

2.2　手法の理解

2.2.1　規格基準

　規格基準とは，法律で定められた食品の成分規格，製造基準等のことで，食品安全を担保する最も基本的なルールです．規格基準は，食品衛生法（第13条第1項）に基づき，厚生省告示第370号によって定められています．すべての食品に該当する規格基準と，特定の食品に規定される規格基準があります．

　すべての食品に該当する規格基準は，「抗生物質，放射性物質の含有禁止」「遺伝子組み換え食品に関する基準」「食品中の残留農薬に関する

清涼飲料水	粉末清涼飲料
氷雪	氷菓
食肉及び鯨肉	生食用食肉
食鳥卵	血液，血球及び血漿
食肉製品	鯨肉製品
魚肉練り製品	いくら，すじこ及びたらこ
ゆでだこ	ゆでがに
生食用鮮魚介類	生食用かき
寒天	穀類，豆類及び野菜
生あん	豆腐
即席めん類	冷凍食品
容器包装詰加圧加熱殺菌食品	

厚生労働省HP

図表2-3　個別食品の規格基準がある食品

B　食品一般の製造，加工及び調理基準

＜中略＞

2.　生乳又は生山羊乳を使用して食品を製造する場合は，その食品の製造工程中において，生乳又は生山羊乳を保持式により 63℃で 30 分間加熱殺菌するか，又はこれと同等以上の殺菌効果を有する方法で加熱殺菌しなければならない．
食品に添加し又は食品の調理に使用する乳は，牛乳，特別牛乳，殺菌山羊乳，成分調整牛乳，低脂肪牛乳，無脂肪牛乳又は加工乳でなければならない．

2.　豆腐の製造基準
(1) 原料用大豆は，品質が良好できょう雑物を含まないものでなければならない．
(2) 原料用大豆は，十分に水洗しなければならない．
(3) 豆汁又は豆乳は，沸騰状態で 2 分間加熱する方法又はこれと同等以上の効力を有する方法により殺菌しなければならない．

厚生労働省 HP

図表 2-4　生乳と豆腐の規格基準（抜粋）

基準」「食品添加物に関する規格基準」などがあります．

　それ以外の規格基準は，個別の食品のみを対象とした規格基準です．個別に規定される規格基準のある食品を**図表 2-3** に示します．例えば，生乳，豆腐に関しては**図表 2-4** のような規格基準があります．これらの規格基準は，厚生労働省ホームページの「食品別の規格基準について」を参照してください．

　規格基準は法律であり，必ず守る必要があります．したがって本書では食品安全システムの最も基本として取り上げています．

　多くの規格基準は，歴史も長くかなり定着しています．何らかの食品事故をきっかけに，新規の規格基準が定められることもあることから，食品事業者は法律の改正に常に目を配っておく必要があります．

　一方で認証の要求事項に，規格基準の具体的な内容を含めているものはありません．それぞれの会社は自社に該当する規格基準に準拠した内部ルールを決める必要があります．

2.2.2　一般衛生管理

　一般衛生管理とは，食品製造現場で普段から整備しておくべき様々な

事項のことです．**図表 2-5** に一般衛生管理の項目例を示します．

　衛生管理として何をやらなければならないかは，各会社が自社の実情に応じて決めることができますが，どんな会社でも共通にやらなければならない衛生管理を一般衛生管理と言います．

　従来わが国の一般衛生管理は，ガイドラインで推奨され都道府県条例で規定されていましたが，2018 年 6 月公布の新食品衛生法で HACCP が 2021 年 6 月完全義務化され，はじめて法律として法制化されました．具体的には食品衛生法第 51 条 1，食品衛生法施行規則第 66 条の 2 第 1 項（**図表 2-6**）です．一般衛生管理の具体的内容を記載した別表 17 を巻末付録 2 に添付しました．

　さらに食品衛生法ではすべての営業許可業種に共通する「施設基準」を食品衛生法施行規則別表 19 に定めています．本書ではこの内容も一般衛生管理と位置づけ第 II 部で解説します．なお，一般衛生管理は法律条文で「一般的な衛生管理」と記載されていますが，本書では「一般衛生管理」に統一します．

　一般衛生管理と似た概念に，前提条件プログラム（PRP, Prerequisite Programs）があげられます．PRP の内容は一般衛生管理とほぼ同じです．ただし，PRP は「HACCP 管理をやるための前提として実施すべきプログラム」として提起された概念になります．HACCP については次項で

```
・施設設備　・機械器具の清掃　・洗浄等の衛生管理，保守点検
・従業員の衛生管理（健康管理，作業着の交換，手洗い等）
・従業員の教育訓練
・使用水等の衛生管理
・そ族及び昆虫対策
・廃棄物及び排水の扱い
・食品等の衛生的な取り扱い
・排水及び廃棄物の衛生管理
・検食の実施
・苦情返品対応，緊急時対応，商品回収プログラム
・運搬管理
・販売管理
```

図表 2-5　一般衛生管理例

食品衛生法

第五十一条 厚生労働大臣は、営業（器具又は容器包装を製造する営業及び食鳥処理の事業の規制及び食鳥検査に関する法律第二条第五号に規定する食鳥処理の事業（第五十四条及び第五十七条第一項において「食鳥処理の事業」という。）を除く。）の施設の衛生的な管理その他公衆衛生上必要な措置（以下この条において「公衆衛生上必要な措置」という。）について、厚生労働省令で、次に掲げる事項に関する基準を定めるものとする。
一　施設の内外の清潔保持、ねずみ及び昆虫の駆除その他一般的な衛生管理に関すること。

食品衛生法施行規則

第六十六条の二 法第五十一条第一項第一号（法第六十八条第三項において準用する場合を含む。）に掲げる事項に関する同項の厚生労働省令で定める基準は、別表第十七のとおりとする。

図表 2-6　一般衛生管理の根拠法律

説明しますが，ここでは「HACCP を実行するためには，一般衛生管理ができていることが必要」という点を理解しておいてください．PRP のうち，特に重要なので実施の記録管理をする PRP を OPRP（オペレーション PRP）と呼びます．

2.2.3　手法としての HACCP

HACCP は危害要因分析重要管理点（Hazard Analysis and Critical Control Point）のことで，原材料の受け入れから最終製品までの工程ごとに，危害要因（微生物汚染や金属の混入）を予想した上で，危害の発生防止につながる特に重要な工程を継続的に監視，記録する工程管理の「手法」のことです．「手法」なので，HACCP を実施しただけでは食品衛生のすべてが解決するわけではなく，他の手法の「規格基準」「一般衛生管理」「マネジメントシステム」と併わせて効果を発揮します．

新食品衛生法により，，2021 年 6 月に HACCP が初めて法律として完全義務化されました．したがって現在すべての食品事業者は何らかの HACCP 管理をする必要があります．

従来の品質管理では製品の抜き取り検査が中心でした．抜き取り検査

では1,000個中1個の検査をして何も問題がなかったからといって，残りの999個が100％問題がないとは言い切れません．そこで，製品の安全を100％担保する管理手法としてHACCPがデファクトスタンダードとなりました．HACCPの管理は，

① 致命的な危害を発生させないための監視項目を決める

② これを継続的に監視，記録する

③ 異常が認められた場合すぐに対策をとる

というプロセスが基本になります．

　例えば，レトルト食品のような殺菌済み容器入り食品であれば，「殺菌の温度を継続的に監視・記録することで，殺菌不良が絶対に起きないことを保証し，もし殺菌の温度に不適合があれば直ちにその製品を排除する」仕組みです．「HACCPを実施している」というためには，HA（Hazard Analysis）と呼ばれる危害分析を行い，CCP（Critical Control Point）と呼ばれる重点管理ポイントを定める必要があります．

　HACCPの「手法」は世界共通です．コーデックスが定めた12の手順と7原則を**図表2-7**に示します．食品衛生法も各種の認証も，基本的にこのコーデクスの手法に準じています．

　本書ではHACCPのプロセスを詳細に解説する紙面はありませんが，「HACCP管理者認定テキスト」から引用して簡単に記載します．

　図表2-8は，ハンバーグ製造におけるHACCP手順のうちの，【手順4】「製造工程一覧図」の例です．

　図表2-7に示したHACCPの【手順4】では，原料を受け入れるところから前処理，製造，包装を行い出荷するところまでのすべての工程を，図表2-8くらいの詳しさで製造工程一覧図にまとめます．この図には，すべての工程にナンバリング（図表2-8では1番～30番）するのがポイントです．

　この【手順4】に対し，【手順6】危害要因（HA）分析，【手順7】重要管理点（CCP）の設定をどのように実施するかを，**図表2-9**に示しました．

2.2 手法の理解 **51**

手順1	HACCP の チーム編成	製品を作るために必要な情報を集められるよう，各部門から担当者を集めます．HACCP に関する専門的な知識を持った人がいない場合は，外部の専門家を招いたり，専門書を参考にしてもよいでしょう．
手順2	製品説明書の 作成	製品の安全について特徴を示すものです．原材料や特性等をまとめておくと，危害要因分析の基礎資料となります．レシピや仕様書等，内容が十分であれば様式は問いません．
手順3	意図する用途 及び対象となる 消費者の確認	用途は製品の使用方法（加熱の有無等）を，対象は製品を提供する消費者を確認します（製品説明書の中に盛り込んでおくとわかりやすい）．
手順4	製造工程一覧図 の作成	受入から製品の出荷もしくは食事提供までの流れを工程ごとに書き出します．
手順5	製造工程一覧図 の現場確認	製造工程図ができたら，現場での人の動き，モノの動きを確認して必要に応じて工程図を修正しましょう．
手順6	危害要因分析の 実施（HA）	工程ごとに原材料由来や工程中に発生しうる危害要因を列挙し，管理手段を挙げていきます．
手順7	重要管理点 （CCP）の決定	危害要因を除去・低減すべき特に重要な工程を決定します（加熱殺菌，金属探知等）．
手順8	管理基準（CL） の設定	危害要因分析で特定した CCP を適切に管理するための基準を設定します（温度，時間，速度等）．
手順9	モニタリング 方法の設定	CCP が正しく管理されているかを適切な頻度で確認し，記録します．
手順10	改善措置の設定	モニタリングの結果，CL が逸脱していた時に講ずべき措置を設定します．
手順11	検証方法の設定	HACCP プランに従って管理が行われているか，修正が必要かどうか検討します．
手順12	記録と保存方法 の設定	記録は HACCP を実施した証拠であると同時に，問題が生じた際には工程ごとに管理状況を遡り，原因追及の助けとなります．

（手順6〜手順12：7原則）

＊コーデックス：国際食品規格委員会．1963 年 FAO と WHO により設立された政府間組織．唯一の食品国際規格設定機関

図表 2-7 コーデックスで定められている HACCP12 の手順

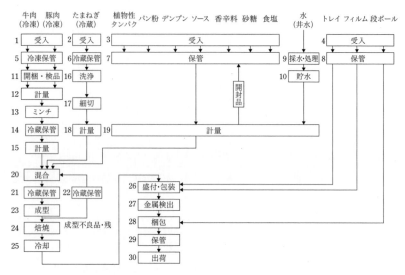

図表 2-8 HACCP【手順 4】製造工程一覧図の例
「HACCP 管理者認定テキスト」P42, 2021 年改訂版　建帛社

　続いて図表 2-9 で CCP とした工程について【手順 8】管理基準を設定します．例えば，CCP - 4 の「焙焼工程におけるハンバーグの加熱不足」というハザードに対しては「加熱機の内部温度 85℃，コンベアスピード 2 m/s 以下，加熱器出口でのハンバーグの中心温度 70℃以上」という管理基準を設定します．続いて【手順 9】この基準をどのようにして測定（モニタリング）をするかを決めます．例えば，「ハンバーグの中心温度を 30 分ごとに，加熱処理担当者が中心温度計で測定する」などです．

　ここで述べた，【手順 4, 6, 7, 8, 9】が HACCP の中心的なプロセスですが，このプロセスを確実なものとし，さらに強化・修正するためのプロセスを網羅したのが，コーデックスの 12 の手順になります．

　HACCP はもともと，NASA が「宇宙空間で食品事故が絶対に起きないためどうするか」を考えて開発した手法です．開発に莫大な費用の掛かっている宇宙空間の仕事をする人に，食品事故が起きることは絶対に許されません．そのためリスクを限りなくゼロにする手法として開発さ

	ハザードの種類（HA）（手順6）	CCPか？（手順7）
原料保管 (5, 6)	不適切な温度管理による非芽胞性病原 微生物の生残（細菌の増殖）	OPRP
検品（11）	物理的異物（石、ガラス）の残存	CCP-1
	物理的異物（金属部品の購入）	
洗浄（16）	物理的異物（ガラス）の混入	CCP-2
細切（17）	物理的異物（金属部品）の混入	
混合（20）	物理的異物（石等，床材）の混入	CCP-3
成型（23）	常温での長期保管による病原微生物の増殖	OPRP
	物理的異物（金属部品）の混入	
焙焼（24）	加熱不足による非芽胞性病原微生物の生残	CCP-4
	焙焼に用いる金属部品の混入	
包装（26）	包装機由来の金属部品の混入	
金属検査（27）	金属異物を含む食品を排除できない	CCP-5
製品保管（29）	不適切な温度管理による病原性微生物の増 殖	CCP-6 または OPRP

図表2-9 HACCP【手順6】危害要因分析（HA）の実施
【手順7】重要管理点（CCP）の決定の例

「HACCP管理者認定テキスト」P57, 58, 2015年初版　建帛社　を一部改変

れたのが HACCP です．したがって HACCP は「致命的なリスクを洗い
出し，リスクが絶対に顕在化しない対策を徹底的に講じる」という手法
です．

　一方で，12 の手順の実行には相当の人出と手間がかかり，中小企業
事業者はそこまでやる余裕はない場合もあります．しかし「致命的な
リスクの起きそうな場所を徹底的に管理する」という HACCP の考え
方を基に，自社商品を見直してみるという作業は，必ずしも 12 の手
順を踏まなくても可能です．特に，経営者や製造，食品安全責任者は，
HACCP の考え方で自社商品を見直してみてください．

54　　　　　　第 2 章　食品安全施策の理解

2.2.4　マネジメントシステム

　マネジメントシステムは「組織の経営を適切に指揮・管理する仕組みやルール」を意味します．組織目標をどういう手法で達成するのか，どのような役割分担をするのか，うまくいかない場合の修正をどうするのかといった，「目標達成のための仕組みやルール」のことです．マネジメントシステムは食品安全だけでなく様々な分野で構築されています．**図表 2-10** に良く知られているマネジメントシステムをそれぞれ異なる対象者（ステークホルダー）ごとに示します．

　マネジメントシステムは誰でも構築することができますが，マネジメントシステムのデファクトスタンダードの多くは，ISO（国際標準化機構）が決めたものです．一方で FSSC22000 や JFS など，ISO とは別の機関が決めて，デファクトスタンダードになっているマネジメントシステムもあります．ちなみに ISO は国家間に共通な標準規格を提供する機関で，工業製品・技術・農業．医療など様々な分野で 2 万以上の規格を策定しています．マネジメントシステムは ISO が策定する規格のほんの一部です．

　マネジメントシステムは，図表 2-10 に示すように，ステークホルダーと目標によって様々なものがありますが，その構造は共通点も多い

ステーク ホルダー	目　標	マネジメントシステム名	代表例
顧客	品質要求事項に答える	品質マネジメントシステム	ISO9001
社会全体	環境負荷を軽減する取組み を行う	環境マネジメントシステム	ISO14000
作業者	労働災害を起こさない	労働安全衛生マネジメント システム	ISO45000
顧客	食品事故を起こさない	食品安全マネジメントシス テム	ISO22000 **FSSC22000** **JFS - A, B, C**
社会全体	システムの情報流出，改ざ ん，ダウン等を起こさない	情報セキュリティマネジメ ントシステム	ISO27000

図表 2-10　様々なマネジメントシステム

2.2 手法の理解

```
1. 文書化と記録
    対象となる業務のすべてに「目標・計画」「手順」を文書化して，結果を
    「記録」に残さなければならない．
```

```
2. 文書化しなければならない項目
    組織（マネジメント）関係：すべてのマネジメントシステム共通
         経営者の役割，目標設定，マネージャーの役割
         実務者の力量，コミュニケーション（会議体）
    実務関係：マネジメントシステムの目標により異なる
         （例：食品安全）一般衛生管理，HACCP，トレーサビリティ，
         フードセキュリティ
3. PDCA
    決めた手順・ルールの有効性を検証し，必要に応じて修正する体制を
    作らなければならない
```

図表 2-11 マネジメントシステムでの一般的な共通策定次項

です．一般的にマネジメントシステムで共通に定めなければならないポイントを**図表 2-11**に示します．

マネジメントシステムでは，業務のすべてを文書化して記録に残す必要があります．文書化しなければならない内容はマネジメントシステムの目標により異なるものもありますが，すべてのマネジメントシステムに共通のものもあります．それは「目標設定のやり方」「経営者・マネージャーの役割」「実務者の力量管理」「会議でのコミュニケーション」などです．

すなわち一つのマネジメントシステムを採用した場合，他のものに使える内容も多いということです．ISO が策定したマネジメントシステムはデファクトスタンダードとして広く採用されるようになっています．

食品安全マネジメントの国際的なデファクトスタンダードはISO22000 と FSSC22000 です．また日本独自の JFS - A, B, C が近年広く採用されるようになりました．本節で述べた「一般衛生管理」「HACCP」は，「やるべきこと」の手法ですが，マネジメントシステムは「やるべ

きことを確実に実行させる」ための手法です．食品安全マネジメントシステムの詳細は 2.3.3 で説明します．

2.3 制度の理解

前項では，食品安全システムの 4 つの手法である「規格基準」「一般衛生管理」「HACCP」「マネジメントシステム」について概略を説明してきました．これらは図表 2-2 に示したように，「法令」と「認証」という 2 つの制度の切り口で考える必要があります．本節では 4 つの手法と 2 つの制度の関係を解説します．

2.3.1 食品の法令

食品安全経営のために法律に関する知識は不可欠です．法律違反を犯して事故を起こした経営者が「そんな法律は知らなかった」と話したら，その会社の商品を買っていた消費者はどのように感じるでしょうか？食品に関する法律は**図表 2-12** に示すとおり，種類は多く，かつ複雑ですが，食品事業者は様々な法律の目的，概要を理解した上で事業を営ま

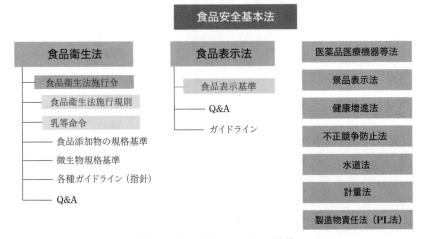

図表 2-12 食品にかかわる法律

なければなりません．食品に関する各種法律の目的，概要については，巻末の付録1に記載しましたので，一読されることをお勧めします．

食品安全マネジメントの観点から最も重要な法律は，「食品衛生法」です．「食品衛生法」にかかわる法律の体系は，図表2-12の左側に示すように階層構造になっており複雑ですが，食品企業を経営するということは，まず，この法体系を知っていることが前提になります．したがって，「食品衛生法」に関しては，法律の解説本等を社内に備え，必要があれば法体系を調べることができる状態にしておくことが必要です．可能であれば，「食品衛生法」の解釈等についての知識を持つスタッフを社内に配置することが望ましいでしょう．また，事業所を管轄する保健所は取り締まるだけではなく，良き相談者となっていただけます．十分活用することも重要です．

2.3.2 食品衛生法と，制度としてのHACCP

本項では，食品安全マネジメントの手法と食品衛生法の関係を述べます．図表2-13はこれまで何度か示してきた，手法と法令の関係です．

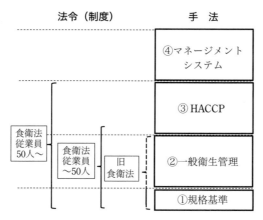

図表2-13 食品安全システムの「法令」と「手法」の関係（イメージ）

（1） 規格基準

「①規格基準」に関しては，食品衛生法第13条で，「食品若しくは添加物の製造，加工，使用，調理若しくは保存の方法につき基準を定め，（中略）食品若しくは添加物の成分につき規格を定めることができる.」とされ，乳等命令や告示で食品の成分規格や製造基準，保存規格として微生物規格や残留農薬基準が，食品添加物の規格や使用基準が具体的に定められています．規格基準は2021年6月施行前の，旧食品衛生法の時代から定められており，今回の改正でも変更はありません.

（2） 一般衛生管理

「②一般衛生管理」については，食品衛生法第51条で「厚生労働大臣は施設の衛生的な管理・その他公衆衛生上必要な措置について基準を定める」とし，「施設内外の清潔保持・一般的な衛生管理に関すること」がその対象に含まれています．その具体的な内容である衛生管理の基準は食品衛生法施行規則（省令）66条の2により別表17（本書付録2）に示されています.

この条文は，2021年6月施行の食品衛生法改正で追加されました．それ以前の食品衛生法には「都道府県が施設内外の清潔保持・公衆衛生上講ずべき措置を定めることができる」との記載があり，一般衛生管理は各都道府県条例で制定されていました．一般衛生管理は今回の改正で，いわば「格上げ」されたことになります．この食品衛生法改正では，マスコミ等でも大きく取り上げられたHACCP義務化を知っている事業者は多いですが，一般衛生管理の義務化についてはあまり浸透していないのが実情です．すべての事業者は，食品衛生法に基づき，本書付録2の別表17，19をすべて実施しなければならないことに留意してください．食品安全関係者は，すべて別表17，19に目を通し，自社で対応できているかどうかを確認し，出来ていなければ何らかの改善策を講ずる必要があります．別表17，19の実施は，日本で食品事業を営む上での必要条件なのです.

(3) HACCP

「③ HACCP」については，食品衛生法 51 条で，食品事業者に対して，厚生労働大臣が定めた公衆衛生上必要な措置の基準に従うだけではなく，自らが個々の状況に応じた食品衛生法施行規則 66 条の 2 の定めによる公衆衛生上必要な措置を定めて（別表 18，本書付録 2），遵守する「HACCP に沿った衛生管理」の実施を義務付けています．

図 2-13 に示すように③ HACCP に関しては，事業規模に基づいて求められる対応が異なります．通常の事業者（事業所の従業員が 50 名以上）は法令によるコーデックスの 7 原則（食品衛生法施行規則別表 18 と同等）に基づいた HACCP の運用が必要です．

一方，「小規模な営業者等」と定義される，従業員 50 人未満の事業所では「HACCP の考え方を取り入れた衛生管理」という，簡易的な対応でよいことになっています．「小規模な営業者等」の定義や運用については「HACCP に沿った衛生管理の制度化に関する Q&A」

https://www.mhlw.go.jp/content/11130500/000787793.pdf

の，問 9～問 13 を参照してください．

従業員 50 人未満の小規模事業者のやるべきことは，業界団体が業種ごとに作成し，厚生労働省がその内容を確認した「手引書」を実施することです．手引書は以下のリンクを参照してください．

https://www.mhlw.go.jp/stf/seisakunitsuite/bunya/0000179028_00003.html

2024 年 1 月現在手引書が発行されている業種を，**図表 2-14** に示します．

小規模事業者は，自社が所属している業界の「手引書」に準じた衛生管理を行うことで，最低限の食品安全マネジメントを構築できます．手引書はそれぞれの業界団体が，それぞれの業界の現状に対応して，規格基準，一般衛生管理，HACCP の考え方に対処しつつ，しかも経営資源が限られている小規模事業者でも対応しやすいように作られています．「手引書」にそって事業者がやる必要のある基本的な作業内容を**図表**

60　　第 2 章　食品安全施策の理解

2024 年 1 月

製造業（77 業種）			流通業（17 業種）
アイスクリーム類製造	ジビエ処理	農産物のカット・ペースト（低温管理）製造	加工食品卸業
あんぽ柿製造	酒類製造		牛乳乳製品等の宅配
ウスターソース類製造	しょうゆ製造	海苔製造	コンビニエンスストア
エキス・調味料製造	しょうゆ加工品（つゆ・たれ）製造	破砕精米・精米再調整品製造	自動販売機
オリーブオイル製造			集送乳
菓子製造	食酢製造	バター製造	食肉販売
学校給米飯製造	食鳥処理	はちみつ製造	水産物（競り売り）
辛子めんたいこ製造	食肉処理	ハム・ソーセージ・ベーコン製造	水産物（卸売業）
カレー粉及びカレールウ	食品添加物		水産物（仲卸業）
	甘蔗分蜜糖製造	パン粉製造	水産物（小売業）
かんしょ（さつまいも）でん粉製造	水産加工業	パン類製造	スーパーマーケット
	清涼飲料水製造	ピーナッツ製品製造	青果物卸売業
寒天製造	ゼラチン・コラーゲンペプチド製造	氷雪製造（食用氷）	青果物仲卸業
牛乳・乳飲料		氷雪販売	青果物小売業
魚肉ねり製品製造	セントラルキッチン	麸製造	中華まんの加温販売
クリーム製造	総菜製造	節類製造	農産物直売所
黒にんにく製造	蕎麦製粉	ほし芋製造	冷蔵倉庫業
鶏卵	ソフトクリーム	乾し椎茸小分・加工	
ケーシング加工	玉子焼き製造	マーガリン類製造	飲食業（7 業種）
削りぶし製造	ちくわぶ製造	味噌製造	飲食店
凍り豆腐製造	チーズ製造	麦類	外食（多店舗展開）
黒糖製造	茶（仕上茶・抹茶）製造	麦茶製造	給食の調理
小麦粉製造		麺類製造	仕出し弁当
コーヒー製造	漬物製造	野菜乾燥粉末製造	すし店向け
米	豆腐類製造	ゆば製造	ホテル（着席・ビュッフェを中心としたスタイルによる食事提供）
米粉製造	ところてん製造	容器詰加熱殺菌食品製造	
蒟蒻製造	ドレッシング製造		
蒟蒻粉製造	納豆製造	フグ製品製造	旅館
塩製造	煮豆製造		

図表 2-14　従業員 50 人未満の小規模事業者向け手引書が発行されている業種

2-15 に示しました.

　まず作成しなければならない書類は,「衛生管理計画」「衛生管理記録」の 2 種類だけです. 通常の HACCP で必要な図表 2-7, 8, 9 に比べるとはるかに簡単なことがわかります.「衛生管理計画」「衛生管理記録」は, 手引書にひな型が載っているので, これを自社の物にカスタマイズすれば問題はありません.

2.3 制度の理解　　**61**

作成する書類は　①衛生管理計画　②衛生管理記録　だけ

1, 衛生管理計画の策定
　　手引書に示す内容を参考に，事業者それぞれの実情に応じて策定する

2, 計画に基づく実施
　　1の計画を実行する

3, 確認・記録
　　手引書に示す衛生管理記録書式を参考に実施したことを記録し，特記
　すべき事項があればその内容を具体的に記載する

4, 振り返りと見直し
　　定期的に内容を見直す．改善が必要な場合は修正する

図表 2-15　小規模事業者向けの「手引書」の基本構造

　小規模な一般飲食店事業者向けの「手引書」に記載された「衛生管理計画」のひな型の一部を**図表 2-16** に，「衛生管理記録」のひな型の一部を**図表 2-17** に示します．実際には必ず，厚生労働省のホームページより「小規模な一般飲食店事業者向け手引書」を参照して下さい．

　「衛生管理計画」では，まず一般的な衛生管理のポイントとして「原材料の受入の確認」「庫内温度の確認（冷蔵庫・冷凍庫）」「交差汚染・二次汚染の防止」「器具等の洗浄・消毒・殺菌」「トイレの洗浄・消毒」「従業員の健康管理等」「手洗いの実施」といった基本的な項目に対して，「いつ」「どのように」管理し，「問題があったときはどう対処するのか」を記載します．続いて重要管理のポイントとして，調理中の加熱・冷却・保存などの温度帯に着目してメニューを3つに分類し，それぞれの「チェック方法」を定め，「問題があったときはどう対処するのか」も記載します．そして「衛生管理記録」では，衛生管理計画の各項目に対して，毎日実施した状況を記録します．定期的（1カ月毎など）に記録を振り返り，重要な問題の発生や同じような問題が繰り返し発生している場合は「衛生管理計画」の見直しなど，対応を検討します．この小規模な一般飲食店事業者向けの「HACCP の考え方を取り入れた衛生管理」は非常に取り組みやすい方法なので，ここから始めることをお勧

62　　　　　第2章　食品安全施策の理解

一般的な衛生管理のポイント			
①	原材料の受入の確認	いつ	（原材料の納入時）その他（　　　　　　　　　）
		どのように	外観，におい，包装の状態，表示（期限，保存方法）を確認する
		問題があったとき	返品し，交換する
②	庫内温度の確認（冷蔵庫・冷凍庫）	いつ	（始業前）作業中・業務終了後・その他（　　　　）
		どのように	温度計で庫内温度を確認する（冷蔵：10℃以下，冷凍：－15℃以下）
		問題があったとき	異常の原因を確認，設定温度の再調整／故障の場合修理を依頼食材の状態に応じて使用しない又は加熱して提供
③-1	交差汚染・二次汚染の防止	いつ	始業前・（作業中）業務終了後・その他（　　　　）
		どのように	冷蔵庫内の保管の状態を確認するまな板，包丁などの器具は，用途別に使い分け，扱った都度，十分に洗浄し，消毒する
		問題があったとき	生肉等による汚染があった場合は加熱して提供又は使用しない使用時に，まな板や包丁などに汚れが残っていた場合は，洗剤で再度洗浄し，消毒する
③-2	器具等の洗浄・消毒・殺菌	いつ	始業前・（使用後）業務終了後・その他（　　　　）
		どのように	使用の都度，まな板，包丁，ボウル等の器具類を洗浄し，または，すすぎを行い，消毒する
		問題があったとき	使用時に汚れや洗剤などが残っていた場合は，洗剤で再度洗浄，または，すすぎを行い，消毒する
③-3	トイレの洗浄・消毒	いつ	（始業前）作業中・業務終了後・その他（　　　　）
		どのように	トイレの洗浄・消毒を行う特に，便座，水洗レバー，手すり，ドアノブ等は入念に消毒する
		問題があったとき	業務中にトイレが汚れていた場合は，洗剤で再度洗浄し，消毒する
④-1	従業員の健康管理等	いつ	（始業前・作業中）・その他（　　　　　　　　）
		どのように	従業員の体調，手の傷の有無，着衣等の確認を行う
		問題があったとき	消化器症状がある場合は調理作業に従事させない手に傷がある場合には，絆創膏をつけた上から手袋を着用させる汚れた作業着は交換させる
④-2	手洗いの実施	いつ	（トイレの後，調理施設に入る前，盛り付けの前，作業内容変更時，生肉や生魚などを扱った後，金銭をさわった後，清掃を行った後）・その他（　　　　）
		どのように	衛生的な手洗いを行う
		問題があったとき	作業中に従業員が必要なタイミングで手を洗っていないことを確認した場合には，すぐに手洗いを行わせる

図表2-16　小規模飲食店向けの「衛生管理計画（一般的な衛生管理のポイント）」（記載例）

出典：HACCPの考え方を取り入れた衛生管理のための手引書（小規模な一般飲食店向け），（公社）日本食品衛生協会

| 20xx 年 4 月 | 一般的な衛生管理の実施記録（記載例） |

分類	① 原材料の受入の確認	② 庫内温度の確認 冷蔵庫・冷凍庫(℃)	③-1 交差汚染・二次汚染の防止	③-2 器具等の洗浄・消毒・殺菌	③-3 トイレの洗浄・消毒	④-1 従業員の健康管理等	④-2 手洗いの実施	チェック	特記事項	確認者
1日	良・⨀否	4, −16	⨀良・否	⨀良・否	⨀良・否	⨀良・否	⨀良・否	花子	4/1 朝　小麦粉の包装が1袋破れていたので返品，午後，再納品	
2日	⨀良・否	9, −23	⨀良・否	⨀良・否	⨀良・否	⨀良・否	良・⨀否	花子	4/2 昼前，A君がトイレの後に手を洗わず作業に戻ったので，注意し手洗いさせた	
3日	⨀良・否	15, −23 →再10℃	⨀良・否	⨀良・否	⨀良・否	⨀良・否	⨀良・否	花子	4/3　11時頃，15℃．20分後 OK．いつもより出し入れ頻繁だったか．	
4日	⨀良・否	6, −22	⨀良・否	⨀良・否	⨀良・否	⨀良・否	⨀良・否	花子		
5日	⨀良・否	8, −16	⨀良・否	良・⨀否	⨀良・否	⨀良・否	⨀良・否	花子	4/5　調理の時にまな板に汚れが残っていたので再洗浄．A君の洗浄に問題？注意	
6日	⨀良・否	9, −21	⨀良・否	⨀良・否	⨀良・否	⨀良・否	⨀良・否	花子	4/6　13時過ぎ，C君からトイレが汚れているとの連絡があったので，清掃し洗剤で洗浄し，消毒．ノロウイルス処理キットがないので，念のため購入してください．	
7日	⨀良・否	5, −16	⨀良・否	⨀良・否	⨀良・否	⨀良・否	⨀良・否	花子	4/7　注文済み　太郎	4/7 太郎

図表 2-17　小規模飲食店向けの「衛生管理記録（一般的な衛生管理）」（記載例）

出典：HACCP の考え方を取り入れた衛生管理のための手引書（小規模な一般飲食店向け），（公社）日本食品衛生協会

容器 / 液種	植物・動物組織成分	Aw	pH	CO_2(kPa)	充填前加熱	充填後加熱	Ⓐリターナブル容器	Ⓑワンウェイ容器
①炭酸飲料（高炭酸）	無	−	−	98以上	無	無	1, 8-1, 9, 12	1, 8-2, 9
②清涼飲料水（炭酸）	−	−	4.0未満	有	昇温	65℃ 10分以上	2, 8-1, 10, 12, 14	2, 8-2, 10, 14
③清涼飲料水	−	−	4.0未満	無	昇温	65℃ 10分以上	2, 8-1, 10, 12, 14	2, 8-2, 10, 14
④清涼飲料水	−	−	4.0未満	無	65℃ 10分以上	熱間充填	3, 8-1, 11, 12, 13	3, 8-2, 11, 13
⑤清涼飲料水（希釈用等）	−	0.94以下	4.0以上	無	85℃ 30分以上	熱間充填	4, 8-1, 11, 12, 13	4, 8-1, 11, 13
⑥清涼飲料水	−	0.94超え	4.0以上4.6未満	無	昇温	85℃ 30分以上	5, 8-1, 10, 12, 14, 15	5, 8-2, 10, 14, 15
⑦清涼飲料水	−	0.94超え	4.0以上4.6未満	無	85℃ 30分以上	熱間充填	4, 8-1, 11, 12, 13	4, 8-1, 11, 13
⑧清涼飲料水	−	0.94超え	4.6以上	無	昇温	120℃ 4分以上	6, 8-1, 10, 12, 15	6, 8-1, 10, 15
⑨清涼飲料水	−	0.94超え	4.6以上	無	120℃ 4分以上	熱間充填	7, 8-1, 10, 12, 13	7, 8-2, 10, 13

太枠　：CCPと下限値（案）
：CCPを決める条件・定義
：該当する工程図（p13〜20）と記録用紙（p21〜27）の番号

図表 2-18　清涼飲料「HACCP の考え方を取り入れた衛生管理」作成のための液種，容器と CCP の下限値案

出典：清涼飲料水の製造における衛生管理計画手引書，2018.11　（一社）全国清涼飲料連合会

めします.

　一方，微生物汚染など大きな事故が発生する可能性のある業種の「手引書」では，もう少し厳密な管理が要求されています．例えば「清涼飲料水の製造における衛生管理計画手引書」では，加熱温度等を CCP と設定して管理することを要求事項としたうえで，**図表 2-18** のような商品の分類と容器形に応じた温度等の「管理基準」が示されています．また手引書の中には，それぞれの商品分類に応じた製造工程図，記録用紙のひな型も提示されています．つまり，12 手順といった煩雑な作業をしなくても，自社の業種に対応した手引書を参考にすれば HACCP に準じた管理ができるように設計されているのです．

　このように「手引書」に従った食品安全システムの構築が大切です．中小企業も含め，すべての食品事業者は食品衛生法で義務付けられている「手引書」に沿った対応を，必ず実施してください．

(4) マネジメントシステム

　「④マネジメントシステム」に関しては現在の日本の法律は特に対応していません．

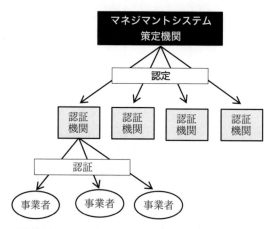

図表 2-19　マネジメントシステム認証の仕組み

2.3 制度の理解

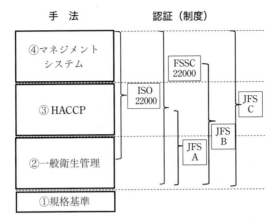

図表 2-20 食品安全システムの「認証」と「手法」の関係（イメージ）

2.3.3 認証

これまで述べてきたように，法律は様々な食品安全施策を策定していますが，その法律を守っていないからといって直ちに罰せられるわけではありません．したがって外部から見た時，その会社が本当に法律を完全に守り，食品安全マネジメントが有効に稼働しているかどうかはわかりません．

そこで，外部機関が個々の企業の食品安全システムを「認証」する制度があります．これは**図表 2-19**に示すように，各事業者がマネジメントシステムを確実に実行できている体制にあることを，「マネジメントシステム策定機関」が認定した「認証機関」が認定するものです．

食品安全の認証制度で，現在デファクトスタンダードとしてよく使われるものを，**図表 2-20**に示しました．ISO22000，FSSC22000，JFS-A,B,Cなどが良く知られています．

(1) ISO22000, FSSC22000

「一般衛生管理」「HACCP」「マネジメントシステム」すべてをフルカバーしているのがFSSC22000です．ISO22000はFSSC22000の元となるマネジメントシステムですが，一般衛生管理の要求事項が少ないた

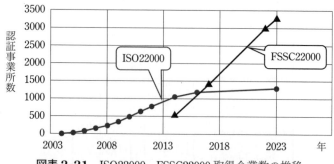

図表 2-21 ISO22000, FSSC22000 取得企業数の推移

め，近年デファクトスタンダードが FSSC22000 に取って代わられつつあります．**図表 2-21** に ISO22000 と FSSC22000 の認証取得事業所数の推移を示します．

FSSC22000 は，ISO22000 の要求事項に，一般衛生管理と追加要求事項を加えた内容です．FSSC22000 の要求事項を**図表 2-22** に示します．

(2) JFS‐A, B, C

農林水産省は 2015 年 1 月より，官民共同で「食品業界の取組みにより，国際的に通用し，かつ中小企業事業者にも使いやすい日本発の規格認証スキームを構築する」ことを目的に，「食品安全マネジメント等推進に向けた準備委員会」を発足させました．そして，2016 年 1 月に（一社）食品安全マネジメント協会が設立され，日本発食品安全規格 JFS‐A，JFS‐B，JFS‐C の 3 つの規格の運用が開始されました．この規格は，3 段階の規格制度から構成されています（**図表 2-23**）．

JFS‐A：最も基本的な一般衛生管理を中心とした規格

JFS‐B：JFS‐A に加えて HACCP の取組みをすべて含んだ規格

JFS‐C：食品安全マネジメントシステムを含む国際的に通用する認証レベルで構成されています．この制度では，まず基本的な JFS‐A を導入すれば，段階的に JFS‐B，JFS‐C と進み，最終的には国際的に通用する規格を取得することができるため，いきなり難易度の高い仕組みに挑戦することとなる ISO22000，FSSC や，取得をしても国際的には通

ISO22000（2018）の要求事項

1	適用範囲		
2	引用規格		
3	用語および定義		
4	組織の状況		
	4.1	組織及びその状況の理解	
	4.2	利害関係者のニーズ及び期待の理解	
	4.2	食品安全マネジメントシステムの適用範囲の理解	
	4.2	食品安全マネジメントシステム	
5	リーダーシップ		
	5.1	リーダーシップ及びコミットメント	
	5.2	方針	
6	計画		
	6.1	リスクおよび機会への取組み	
	6.2	食品安全マネジメントシステムの目標及びそれを達成するための計画策定	
	6.3	変更の計画	
7	支援		
	7.1	資源の提供	
	7.2	力量	
	7.3	認識	
	7.4	コミュニケーション	
	7.5	文書化した情報	
8	運用		
	8.1	運用の計画及び管理	

	8.2	前提条件プログラム（PRPs）	
	8.3	トレーサビリティシステム	
	8.4	緊急事態及びインデントの処理	
	8.5	ハザードの管理	
		8.5.1	ハザード分析を可能にする予備段階
		8.5.2	ハザード分析を可能にする予備段階
		8.5.3	管理手段及び管理手段の組み合わせの妥当性確認
		8.5.4	ハザード管理プラン（HACCP/OPRP プラン）
	8.6	PRPs 及びハザード管理プランを規定する情報の更新	
	8.7	モニタリング及び測定の管理	
	8.8	PRPs及びハザード管理プランに関する検証	
	8.9	一般	
9	パフォーマンス		
	9.1	モニタリング，測定，分析及び評価	
	9.2	内部監査	
	9.3	マネジメントレビュー	
10	改善		
	10.1	不適合及び是正措置	
	10.2	継続的改善	
	10.3	食品安全マネジメントの更新	

一般衛生管理（ISO22002-1）の要求事項

4	建物の構造と配置
6	施設及び作業区域の配置
6	ユーティリティー：空気，水，エネルギー
7	廃棄物処理
8	装置の適切性，清掃・洗浄及び保守
9	購入材料の管理（マネジメント）
10	交差汚染防止の予防手段
11	清掃・洗浄及び殺菌・消毒
12	有害生物［そ（鼠）族，昆虫等］の防除
13	要員の衛生及び従業員のための施設
14	手直し
15	製品のリコール手順
16	倉庫保管
17	製品情報及び消費者の認識
18	食品防衛，バイオビジランス，バイオテロリズム

FSSC22000 の追加要求事項

サービスの管理
製品のラベリング
食品防御
食品偽装の軽減
ロゴの使用
アレルゲンの管理（一部カテゴリー）
環境モニタリング（一部カテゴリー）
製品の処方（一部カテゴリー）
輸送及び配達（一部カテゴリー）

図表 2-22 FSSC の要求事項の全体像

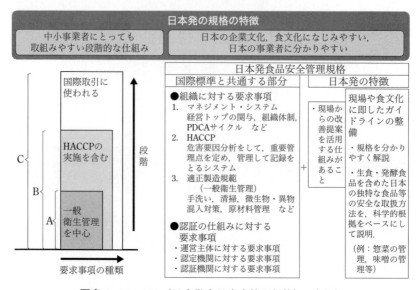

図表 2-23 JFS（日本発食品安全管理規格）の概要
出典：JFS-E-A/B 規格の概要　食品安全マネジメント協会
https://www.jfsm.or.jp/scheme/docs/3fa757ee8066c427462ac8fdac115532f06560f0.pdf

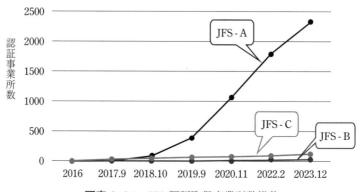

図表 2-24 JFS 認証取得事業所数推移

用しない"地域 HACCP"よりも中小企業にとっては取組む価値のある制度といえます．

図表 2-24 に JFS の認証事業者の推移を示します．JFS - B の取得事業所が順調に増加しています．JFS - B は大手流通業の取引条件とされ

るようにもなっており，特に中小事業者の認証のデファクトスタンダードになりつつあります．

（3） 地域 HACCP

HACCP が食品衛生法で義務化になる前は，地方自治体が独自の認証を行い，中小事業者の HACCP や一般衛生管理のレベルアップに寄与していましたが，2021 年 6 月の義務化に伴いその多くが廃止されました．しかし一部の地域では現在も制度が運用されています．2024 年 1 月現在では秋田，栃木，静岡，岐阜，京都，大阪，兵庫，和歌山，鳥取，広島，熊本市が実施自治体です．多くは JFS よりもさらに簡易で低コストなので，地域 HACCP がある地域では，中小事業者がまず取り組むべき認証と言えます．ただし，全国的な権威は JFS に比べ低いので注意が必要です．

2.4　中小企業が取組むべき食品安全システム

第 I 部（1, 2 章）では中小企業が食品安全経営を実行するために必要な，リスクマネジメント，組織運営，食品安全システムを説明してきました．しかし一言で中小企業といっても，スタートアップから上場間近の企業まで様々です．本節では第 I 部のまとめとして，様々な発展段階の中小企業が，自社に応じた食品安全システムを選択する方法をお伝えします．

2.4.1　食品安全コスト

食品安全にはコストがかかります．最大の費用は食品安全担当者の人件費ですが，これ以外に品質保証機器，分析費用，認証をとるのであればコンサルタント料がかかります．食品安全コストをどのくらいかけるべきかの考え方を**図表 2-25** に示します．経営者は自社の食品安全リスクを考えながらコストを決めなければなりません．大企業，中小企業に

> 食品安全コストとして，売り上げ対比何%（＝利益を減らす）を，リスク回避のためにかけられるのか，意思決定を行う．

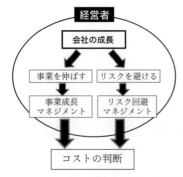

図表 2-25 食品安全にかけるコストの考え方

かかわらずこの費用は利益から出ます．したがって，リスクを回避するためにどのくらい食品安全コストをかけるのか，という視点で考えるべきです．売上の2%をリスク回避のためのコストと考えると，100億の大企業は2億のコストがかけられますが，売上10億の中小企業がかけられるコストは2,000万です．したがって，中小企業ほど，実行する施策に優先順位をつけて，より大きなリスクに対応した施策から優先的に実施する必要があります．

2.4.2 食品安全システムの選択

中小企業は規模，事業内容が様々なので，自社に応じたシステムを選択する必要があります．**図表 2-26** に著者が推奨する企業規模に応じて採用すべき食品安全システムを記載しました．

まずスタートアップの事業者ですが，手引書を使った衛生管理は食品衛生法で定められた義務なので，必ず実行してください．現実には，手引書を使った衛生管理の運用が営業許可の要件になっていないケースも見たことがありますが，自社のリスクを減らすためにも必ず実施をお願いします．

すでに事業を継続している従業員 50 人以下の事業者は，最低限，手

2.4 中小企業が取組むべき食品安全システム

引書を使った衛生管理をしなければなりません．現在まだ対応できていない事業者は「食品衛生法違反」となっていますので必ず実施してください．

ある程度の食品安全レベルの会社は，従業員50人以下でも認証の検討をします．JFS-Bにチャレンジするのが一般的ですが，地域HACCPのある地域では，まず地域HACCPから始めてもよいでしょう．

従業員が50人を超えると，7原則に基づいたHACCPを実行する必要があります．HACCPのトレーニングを積んだ食品安全スタッフを用意する必要があります．この規模になっている場合は，JFS-Bの認証を検討する会社も多く見受けられます．また認証まで行かなくても，一

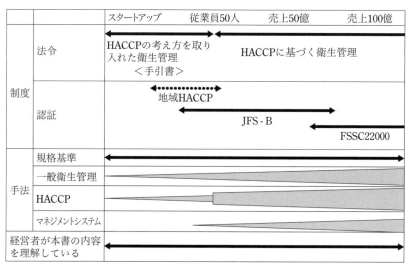

図表 2-26 企業規模に応じて選ぶ食品安全施策（著者推奨）
ブランドビジネス，B to B ビジネスは，上図よりも厳しい選択が必要

```
大企業      >  中小企業
ブランドビジネス >  ノンブランドビジネス
B to B     >  B to C
```

図表 2-27 業態による食品安全リスクの違い

般衛生管理を手引書よりも，さらに精度を上げたものにグレードアップする必要があります．そのような事業者の方は，本書第Ⅱ部を精読して自社で取組むべき内容を整理してください．なお図表 2-26 の一般衛生管理の欄の右に行くにしたがって，帯が太くなっているのは，一般衛生管理をグレードアップすることを意味します．

　売上が 50 億を超え 100 億に近づく場合は，最上位の認証の FSSC を検討するべきと考えます．

　食品安全リスクは業態によって異なります．業態による食品安全リスクの違いの一般論を**図表 2-27** に示しました．大企業は中小企業に比べて販売数量が大きく，事故を起こした場合の社会的影響も大きいため，リスクが大きく，より精度の高い食品安全システムをとらなければなりません．ただし中小企業でも，ブランドビジネスをしている知名度の高い会社はよりリスクが大きいです．知名度が高いということは話題になりやすいということなので，「あの○○が，こんなことしたんだって」という風評被害が広がりやすくなります．また B to B ビジネスは，B to C ビジネスよりもリスクが大きいことを留意すべきです．特に原料販売ビジネスの場合，原料に瑕疵があると使用したユーザーの商品すべてに瑕疵が発生しますので被害が拡大しやすいです．

　図表 2-26 は推奨する食品安全システムを企業規模で示しましたが，ブランドビジネスや原料の B to B ビジネスを営む会社は，図中の自社の売上位置よりも，より右側の対応をとることをお勧めします．

第 II 部　一般衛生管理の実務

第3章　生産を支える施設・ユーティリティ・資源のリスクと管理

　第Ⅰ部で示した通り，一般衛生管理は食品安全マネジメントの根幹をなす基本的な手法です．HACCPは一般衛生管理の実施が前提です．食品衛生法では，一般衛生管理として「別表第十七，第十九」が，施行規則第六十六条の2と7に基づき定められています．「別表第十七，第十九」が，我国の食品事業者が遵守しなければならない食品衛生法で定められた一般衛生管理であることをご留意ください．本書では，付録2に「別表第十七，第十九」の全文を掲載しました．

　一方食品衛生法では，HACCPに対応するため業界ごとの「手引書」が公開され，特に小規模事業者向けの重要な指針となっており，それぞれの業界に対応した一般衛生管理の記述があります．しかし「手引書」の内容は，各事業者が実施すべき最小限の内容です．本来であれば，事業者は，別表第十七，第十九の内容をすべて遵守しなければなりません．各事業者は「手引書」による衛生管理を行った上で，別表第十七，第十九を遵守するという，さらにレベルの高い管理に移行する必要があります．

　別表第十七，第十九は，一般衛生管理で管理すべき項目が網羅されていますが，具体的な運用方法については十分記載されていません．第Ⅱ部では，この内容を詳細に解説します．「手引書」に準拠した衛生管理から，さらに一歩進めて高いレベルの食品安全マネジメントを目指す事業者は，自社の現状と比較しながら読み進めていただきたいと思います．

　なお，一般衛生管理のうち特に施設，設備にかかわる内容を第3章で，生産工程にかかわる内容を第4章で記載します．

3.1 食品衛生法の改正

2018年6月食品衛生法等の一部改正が公布，2021年6月に完全施行されました．

改正7項目（厚生労働省HP：「食品衛生法の改正について」）のひとつに「(2)『HACCP（ハサップ）に沿った衛生管理』を制度化」があげられ，「原則として，**すべての食品等事業者**に，**一般衛生管理**に加え，**HACCPに沿った衛生管理**の実施を求めます．小規模営業者等は，厚生労働省ホームページで公表している手引書を参考に，簡略化したアプローチで取り組むことができます．」と記載されています．

この内容の法律の構造を**図表3-1**に示します．まず「食品衛生法第五十一条第一項」で，「**一般衛生管理の基準**（食品衛生法施行規則第六十六条の二 別表第十七）」と「**HACCPに沿った衛生管理の基準**（食品衛生法施行規則第六十六条の二② 別表第十八）」を定め，その実施を求めていま

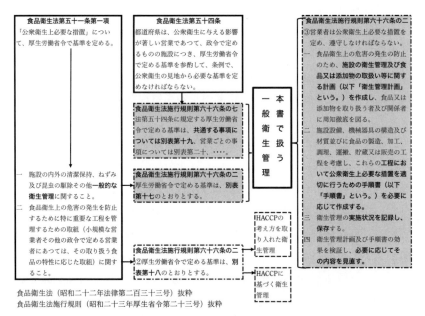

図表3-1 食品衛生法における一般衛生管理の記載について

す．また，食品衛生法施行規則第六十六条の七に「厚生労働省令で定める基準は，共通する事項については別表第十九，営業ごとの事項については別表第二十，‥‥」とあります．すなわち，一般衛生管理を「別表第十七」，施設に関する一般衛生管理を「別表第十九」に記載されています．

さらに食品衛生法施行規則六十六条の二③によれば「衛生管理計画」が必要となり，必要に応じて「手順書」，実施状況の「記録・保管」，必要に応じて手順書の「内容の検証・見直し」が要求されています．

以上の食品衛生法の内容に準拠して，「一般衛生管理」を「**別表第十七**」と「**別表第十九**」を基に，一般衛生管理を説明します．

別表第十七，第十九は，巻末に付録2として添付しました．また，第Ⅱ部の本文では，それぞれの項目に対応した別表第十七，第十九の条文そのものを，図表として示してあります．別表第十七，第十九は事業者が守るべき食品衛生法そのものですので，読み飛ばさず必ず目を通してください．

3.2 一般衛生管理について

一般衛生衛生管理の食品衛生法上の位置づけや，他のマネジメントシステムとの関係は，第Ⅰ部で説明しましたが，ここでは再度その概要を記載します．

3.2.1 一般的な衛生管理に関する基準
（1） 食品衛生法

食品衛生法で定められる「一般的な衛生管理に関する基準*」は，「食品等事業者が実施すべき管理運営基準に関する指針（ガイドライン）**」の内容を踏襲して，厚生労働省 HP の「HACCP に沿った衛生管理の制度化」に記載されています．

　＊厚生労働省 HP：HACCP に沿った衛生管理の制度化について「一般的な衛生管

78 第3章 生産を支える施設・ユーティリティ・資源のリスクと管理

理に関する基準」

** 2021.6.1 廃止

(2) 営業者のなすべき「公衆衛生上必要な措置」

食品衛生法施行規則第六十六条の二③に「営業者は公衆衛生上必要な措置を定め，遵守しなければならない.」と法的に求めています（**図表3-2**参照），

「一 衛生管理計画の作成」「三 実施状況の記録保存」はすべての食品事業者にとっての義務ですので，どんな事業者でも実施する必要があります．本書では「衛生管理計画作成」「実施状況記録」「効果検証」もふくめて，一般衛生管理として解説します．

図表3-2 衛生管理計画の作成，手順書の作成，衛生管理の実施記録と保管

食品衛生法施行規則第六十六条の二 ③

　営業者は，法（とは食品衛生法）第五十一条第二項（法第六十八条第三項において準用する場合を含む.）の規定に基づき，前二項の基準に従い，**次に定めるところにより公衆衛生上必要な措置を定め，これを遵守しなければならない.**

一　食品衛生上の危害の発生の防止のため，**施設の衛生管理及び食品又は添加物の取扱い等に関する計画**（以下「衛生管理計画」という.）**を作成し，食品又は添加物を取り扱う者及び関係者に周知徹底を図る**こと.

二　施設設備，機械器具の構造及び材質並びに食品の製造，加工，調理，運搬，貯蔵又は販売の工程を考慮し，これらの**工程において公衆衛生上必要な措置を適切に行うための手順書**（以下「手順書」という.）**を必要に応じて作成する**こと.

三　衛生管理の実施状況を記録し，**保存する**こと．なお，記録の保存期間は，取り扱う食品又は添加物が使用され，又は消費されるまでの期間を踏まえ，合理的に設定すること.

四　**衛生管理計画及び手順書の効果を検証し，必要に応じてその内容を見直す**こと.

---

(3) 食品衛生責任者

事業者は食品衛生責任者を定めたうえで，食品衛生責任者の意見を尊重しなければならない義務があります．食品衛生責任者は，食品安全に関して事業者に対し，必要な意見を述べる責任があります．「別表第十七」では，冒頭で「食品衛生責任者等の選任」，その「役割」を示し

ています（**図表 3-3**）．食品衛生責任者は本書で述べる一般衛生管理を
推進する責任があります．

図表 3-3　食品衛生責任者の設置と責任

食品衛生法施行規則第六十六条の二　別表第十七　1　食品衛生責任者等の選任
イ　法（著者注：食品衛生法）第五十一条第一項に規定する営業を行う者（以下
　　この表において「営業者」という.）は，**食品衛生責任者を定める**こと.
ロ　食品衛生責任者は次のいずれかに該当する者とすること.
　　1) 法第三十条に規定する食品衛生監視員又は法第四十八条に規定する食品衛生
　　　管理者の資格要件を満たす者
　　2)「調理師」,「製菓衛生師」,「栄養士」,「船舶料理士」,「と畜場法第七条に規定
　　　する衛生管理責任者若しくは同法第十条に規定する作業衛生責任者」又は「食
　　　鳥処理の事業の規制及び食鳥検査に関する法律第十二条に規定する食鳥処理衛
　　　生管理者」
　　3) 都道府県知事等が行う講習会又は都道府県知事等が適正と認める講習会を受
　　　講した者
ハ　食品衛生責任者は次に掲げる事項を遵守すること.
　　1) 都道府県知事等が行う講習会又は都道府県知事等が認める講習会を定期的に
　　　受講し，食品衛生に関する新たな知見の習得に努めること.
　　2) 営業者の指示に従い，衛生管理に当たること. 第十二条に規定する食鳥処理
　　　衛生管理者」
ニ　営業者は，**食品衛生責任者の意見を尊重する**こと.
ホ　**食品衛生責任者は，**第六十六条の二第三項に規定された措置の遵守のために,
　　必要な注意を行うとともに，営業者に対し必要な意見を述べるよう努めること

（4）　PRP と OPRP

　FFSC22000 などの食品安全マネジメントシステムでは一般衛生管理
が「PRP」や「OPRP」と記載されています．

　PRP（前提条件プログラム）とは一般衛生管理の "基礎レベルで管理"
で，食品を扱う上では前提として行う必要である基礎的衛生管理です．
OPRP（オペレーション PRP）は一般衛生管理の中でも "特に重要レベル
で管理" するもので，管理が適切であるか否かを判断する "処置基準"
を定め，測定や観察を実施するものです．本書では両者ともに「一般衛
生管理」として進めます．

　PRP と OPRP の違いについて簡単に説明します．例えば，読者のあ

なたが「お茶でも飲もう」と思って「やかん」で湯を沸かすとします．どう沸かしますか？

① 単に，「やかん」内を水ですすいでから水を注ぎ入れ，火にかけ，湯気が出たら火を止めますか？

② あるいは，手順を作り，やかん内をすすいだ後，水を一定量入れ，火加減も定め，湯気が出て○秒ほど後に火を止めます．湯をポットに移した後，手順通りにやかんを洗浄し，乾燥させ，保管しますか？

③ また，手順通り湯を沸かし，湯温を測り判断基準以上になったことを確認して火を止め，湯温を記録する．手順通りやかんは洗浄し，乾燥させ，保管しますか？

ここでは①，②が PRP，③が OPRP です．どんどん作業が増し，手順，基準が加われば手間暇がかかりますが，衛生管理レベルが上がります（PRP→OPRP と管理レベルは上昇するのです）．どこまで必要ですか？生産工程であれば，どこまで実施するかは事業所の責任者が必要度と作業負担を比べて決めるべきです．

(5) 本書（第 II 部）の読み方と事例について

第 II 部では必要に応じて法律用語や法律の条文を記載しています．法律用語は読み進めるうえではやや難しいのですが，社内での徹底や管理スタッフの育成を考えた場合，法令に照らして行動ができるように慣れておいた方がよいでしょう．

法令は随時改正されていきますので，「新たな取り組みをしたい」「本書の真偽を確認したい」「詳細を知りたい」などの場合は，必ず最新のものを確認してください．

本章と次の第 4 章では，一般衛生管理の他に，筆者が品質監査，巡視，クレーム対応などで実際に訪問した食品工場で気付いたことを実例として挙げて進めます．「自分の会社はそこまでひどくない」と思われるかもしれませんが，うまく実行できていない会社の 1 例として記載す

るので，参考にしてください．また，これらの実例は筆者が過去 20 年
間品質管理等で訪問した際に経験した例を述べています．その都度，是
正指示をしていますので現在は改善されていることを付記します．

3.3　工場敷地・施設のリスクと管理

3.3.1　敷地・施設管理

　工場の敷地・施設の管理については 2 つのポイントがあります．1 つ
は工場敷地の衛生管理，もう 1 つは施設の「セキュリティー」としての
入退管理です．各々について，以下に見ていきます．

（1）　敷地内の衛生管理，5S，美化

　敷地内の衛生管理では，食品工場として恥ずかしくないよう敷地内の
5S，美化に取り組むことが大切です．舗装が破損して水たまりができ，
雑草 が繁茂している状態では，"防鼠・防虫上，問題あり"です．また，
食品の生ゴミが放置してあったり，排水の臭いがしたり，不要になった
木製パレット，ポリ容器や金属容器などが乱雑に置いてあっては"5S，
美化上，問題あり"です．食品衛生法施行規則には，**図表 3-4** のよう
に定められています．

図表 3-4　施設の衛生管理

食品衛生法施行規則第六十六条の二　別表第十七　2 施設の衛生管理
イ　施設及びその周辺を定期的に**清掃**し，施設の稼働中は食品衛生上の危害の発生防止するよう**清潔な状態を維持する**こと．

　たとえ工場施設の外であろうとも，生産棟や倉庫の周囲はきれいにし
ておくべきです．敷地内が整理整頓されていないと，工場の前を通りが
かった人がそれを見たとき，「こんな敷地管理しかできないようでは，
工場内もさぞ汚いのだろう．食品を生産していて大丈夫なのだろうか」
と不安になります．そして，外周の環境は工場内部の生産環境へも影響

82 第3章 生産を支える施設・ユーティリティ・資源のリスクと管理

を及ぼします.

また，敷地内の管理ができていないと，あちこちでネズミや昆虫，鳥の餌場や棲み家になります．それらが生産現場へ侵入すると衛生状態の悪化は言うに及ばず，異物混入や食中毒発生の温床ともなります.

そこで，自主点検体制を作って敷地内や工場の建物の管理状態を定期巡視すべきです．多くの目で見るといろいろな発見があります．工場の中だけではなく，工場の周囲にも目配りすることによって，リスクに繋がるおそれのあるものを無くしていくことが肝心です.

(2) セキュリティーとしての入退出管理

2つ目の管理のポイントのセキュリティーですが，これには「フードセーフティ」と「フードディフェンス」という考え方があります．簡単にいうと，フードセーフティは「異物混入を防止する」取り組み，フードディフェンスは「食品への意図的な異物混入を防止する」取り組みです．意図的な異物混入については，2008 年に発生した中国の冷凍餃子事件，2013 年日本の冷凍食品工場での農薬マラチオンが混入された事件があります.

アメリカでは食品製造工場で意図的に金属異物を混入させた事件や，フランスでもソーセージの中にタバコの吸殻を意図的に混入させた事件などが起きています.

監査で伺った海外の食品工場は，「広い敷地に高い塀があり，従業員の駐車場は敷地の外，立派な金属製の門扉があって警務室に警務員が常駐し，従業員は身分証を提示して入る」管理をしていました.

一方，日本では，「工場の外壁が敷地の塀代わり，従業員は開いている門からノーチェックでどんどん入って来る．来場者も敷地内に自由に入って来る．事務所前のインターフォンで連絡をとれば来場者記録表に記入することなく入室可，そして，戸を開ければいきなり事務室」といった事業所も見受けられます.

また，原料を一度に工場内へ搬入せず，しばらく外にそのまま置いて

ある事業所もありました．そのような状態では部外者が簡単に原料にいたずらができそうで，"とても危険な状態"と見受けられました．

「製造施設への部外者侵入防止」「入場者に対する身分確認の強化」「人手の少ない工程の監視カメラ設置」「いたずら防止のための包装形態変更」「流通形態の見直し」「従業員とのコミュニケーション強化」など，社外だけでなく，社内からの悪意に対しても備えることも必要です．

「食品防御対策ガイドライン（食品製造工場向け）（**図表3-5**）」をチェックリストに作り直し，それを基にして自社がどのくらいのレベルにあるかチェックすることをお奨めします．チェックリストのすべてに対応するのは大きな金銭的負担となりますので，第Ⅰ部で述べたリスクマネジメントを意識して重要度や発生頻度，コストなどの点からも優先順位を検討し，取り組むことが大切です．

参考までに，作成したチェック表の例（抜粋）を図表3-5に提示しておきます．

3.3.2　倉庫管理

（1）　シャッターの開閉管理

倉庫のシャッターが開いたままの状態になっているのをよく見かけます．これでは昆虫や小動物が自由に出入りできるだけでなく，部外者も簡単に入ることができます（**図表3-6**）．注意をすると，「いちいち開け閉めしていたら仕事になりませんよ」と言われてしまうのですが，こまめに開け閉めをすべきです．また，扉は閉じても鍵を開錠のまま出入口にぶら下げていたり，シートシャッターを閉じていても外のシャッターのボタンで簡単に開いてしまう，というような状態も見受けられます．

セキュリティー上，こまめに施錠すること，防犯カメラを設置することなどを指摘しても，「帰りは施錠しています」とか，「帰りはもう1枚シャッターを閉めています」と返事をされることがありますが，事が起

図表3-5　食品防御対策チェック表

優先度	チェック項目	判定基準項目	全面的に対応済み 判定基準	判定	一部対応済み 判定基準	判定	対応していない 判定基準	判定	実施 年 月 日	コメント
優先的に実施すべき対策	**1. 組織マネジメント** 食品工場の責任者は、従業員等が働きやすい職場環境づくりに努め、従業員等が自社製品の品質を安全保に高い責任感を感じながら働くことができるように留意する。	従業員等が働きやすい職場環境づくりに努め、自社製品の安全を担っているという高い責任感を感じながら働く職場環境づくりを行う。	高い責任感を感じながら働くことができる職場環境づくりを行っている。		不十分ながら行っている。		全く行っていない。			
	食品工場の責任者に意図的な食品汚染が発生した場合、お客様はまず工場の従業員等に疑いの目を向けるということを、従業員等に意識付けておく。	従業員等に対して、意図的な食品汚染に関する教育や、予防措置の重要性に関して定期的に教育を行い、従業員自らが自社製品の安全を担っているという責任感を認識させる。	従業員自らが自社製品の安全を担っているという責任感を担っている。		不十分ながら行っている。		全く行っていない。			
	自社製品に意図的な食品汚染が疑われた場合に備え、普段から従業員等の勤務状況、業務内容について正確に把握しておく。	自社製品に意図的な食品汚染が疑われた場合に備え、普段から従業員の勤務状況、業務内容について正確に記録する仕組みを構築する。	平時から、従業員の勤務状況、業務内容について正確に記録する仕組みを構築する。		不十分ながら行っている。		全く行っていない。			
	苦情、健康危害情報等の寄せられる情報について把握に努め、普段から従業員等の勤務状況、業務内容について正確に把握しておく。	苦情、健康危害情報等の寄せられる情報について把握に努め、これらの情報について企業内での共有化を図る。	苦情、健康危害情報等は、企業内での共有化を図っている。		不十分ながら行っている。		全く行っていない。			
	製品の異常等を早い段階で探知するため苦情や健康危害情報等を集約・解析する仕組みを構築するとともに、意図的な食品汚染が発生した際に迅速に対応できるよう、自社製品に意図的な食品汚染が疑われた場合の保健所等への通報、製品の回収、製品の保管、廃棄等の手続を定めておく。	意図的な食品汚染が判明した場合や疑われる場合の社内の連絡フロー、社外の連絡フロー（保健所・警察関係機関へ）の連絡先等をマニュアル等に明記しておく。	意図的な食品汚染が判明した場合の社内の連絡フロー、社外の連絡フロー（保健所・警察等関連機関への連絡先等）をマニュアル等に明記しておく。		不十分ながら行っている。		全く行っていない。			
		異物混入等が発生した場合には、原因物質に関わらず、責任者は故意による混入の可能性を排除せず対策を検討しているか。	異物混入が発生した場合、故意を受けた責任者は故意による混入の可能性を排除せず対策をするようにしている。		不十分ながら行っている。		全く行っていない。			
		手順化し、明記しているか。	手順化し、明記している。		手順化しているが明記していない。		やってない。			
		原因物質に関わらず、異物混入による故意の可能性を排除せず対策を検討しているか。	原因物質に関わらず、故意の可能性を排除せず対策を検討する。		異常時は必ず検討する。		検討しない。			

出典：『食品防御対策ガイドライン（食品製造工場向け）』（平成25年度改訂版）奈良県立医科大学 公衆衛生学講座 を参照して作成

きるのは夜間とは限りません．作業者が手薄になった昼間も危険です．部外者に「簡単に侵入できそう」「入って，ちょっといたずらしてやろう」と思わせない管理が大切です．

図表 3-6 施設の扉の管理

食品衛生法施行規則第六十六条の二　別表第十七　2 施設の衛生管理
ホ　窓及び出入口は，原則として開放したままにしないこと．開放したままの状態にする場合にあっては，じん埃，ねずみ及び昆虫等の侵入を防止する措置を講ずること．

(2)　倉庫内での区分けの徹底

原料保管庫，資材保管庫，仕掛品保管庫，製品保管庫はそれぞれ独立しているのが望ましいのですが，それができない場合は，倉庫内で原料，資材，仕掛品，製品など区分けして保管すべきです．

(3)　保管スペースの確保と「先入れ先出し管理」の励行

保管場所はできるだけ広めにスペースを確保することが望ましいです．そして，整理整頓し「先入れ先出し管理」をしなければなりません．保管スペースが狭いなら，原材料の発注量や仕掛品の生産量などの"量的コントロール"も必要です．

資材保管場所には包装材料がいっぱいで，「どこに，何が，どれだけあるのかを把握できているのだろうか」と思うことがあります．また，帳簿上は現物があることを把握できても，倉庫奥に置かれていたりすると「実在庫の確認ができるのだろうか」と気になることもあります．保管品の段ボールの上が埃だらけになっていることもあり，「先入れ先出し管理ができているのだろうか」と心配になるような工場もあります．

(4)　不合格品の隔離スペースの確保と誤使用，誤出荷の防止

不合格品を隔離保管するスペースも必要です．不合格品が発生したとき，「"再検査の結果待ち"や"処置の判定待ち"の間に，誤使用や誤出

86　第3章　生産を支える施設・ユーティリティ・資源のリスクと管理

荷することを防止する」ための識別方法が「表示だけ」というのでは危険です．表示だけではなく，スペースを確保して不合格品を明確に隔離管理すべきです．

(5)　「食品原料と食品添加物」と「薬品」の分別保管

「食品原料及び食品添加物」と「殺そ剤・殺虫剤・殺菌剤等」は倉庫を別にし，「殺そ剤・殺虫剤・殺菌剤等」には識別できるよう明確な表示が必要です（図表 3-33 参照）．また，製造等に関係のない薬品を"生産棟内"に置いてもいけません（**図表 3-7** 参照）．

特定原材料（アレルギー物質，4.2.8 特定原材料（アレルギー物質）のリスク対策 参照）も区分けして保管します．

図表 3-7　不必要な物品を置くことの禁止

食品衛生法施行規則第六十六条の二　別表第十七　２施設の衛生管理
ロ　**食品又は添加物を製造し，加工し，調理し，貯蔵し，又は販売する場所に不必要な物品等を置かない**こと．

(6)　アレルギー物質のコンタミネーション防止の工夫

特定原材料（アレルギー物質）の保管時に，他とのコンタミネーション（交錯）を防止するための対策として，特定原材料の保管場所を隔離します．スペース上，同じ保管場所の，同じ棚に収納せざるをえないのであれば，万が一こぼれても被害を最小限に抑えるために，特定原材料，または特定原材料（アレルギー物質）を含む原材料・食品添加物は，下段に置くことが重要です．

(7)　仕掛品などの相互汚染防止と識別表示

仕掛品置場では，相互汚染が生じない方法で保存します．

冷蔵庫内に，原料と一緒に仕掛品や計量済み原料などを無造作に置いてあるのを見かけることがあります．こうしたものには品名や製造日・ロット，使用期限などを記入した識別表示を付け，密閉し，誤使用のな

いように整理整頓して管理保管することが重要です.

（8） 保管状態の維持・管理のルール化

冷凍庫，冷蔵庫に限らず，原材料や仕掛品，製品の保管場所ではそれぞれに適した温湿度，換気などの管理をします.

保管庫，冷凍庫，冷蔵庫には温湿度計を設置し，基準値を表示して定期的に温湿度を確認，記録します. そして，基準値逸脱時の対応をルール化し，管理責任者を指名して異常時の連絡体制を決めておきます.

異常時の対応ルールについては短期的な対応だけではなく，長期休暇中や異常事態発生時（長時間停電や震災発生時など）の対応，異常事態解消後の保管品の品質確認などの方法も決めておくようにします.

ある事業所で，原料保管庫に入った途端，カビ臭や"保管品の臭い"を感じたことがあり，製品への移り香が心配になりました. 作業者は慣れてしまうと気付かないのでしょうが，ときにはマスクを外して庫内の臭いを確認するべきです.

外部倉庫を利用している場合は，品質管理部あるいは「入出庫管理をしている部署の者」が管理状況を定期的にチェックに行き，その記録を残すようにします.

3.3.3 生産棟の維持・管理

食品衛生法施行規則では次のように定められています（**図表 3-8**，**図表 3-9** 参照）.

（1） 生産棟で気になる点

① 犬走り

倉庫を含め，生産棟の周囲には犬走りを設け，きれいに維持するようにします. 生産棟の周囲に，おしゃれに大小の石を敷き詰めている事業所がありました. また，コンクリートブロックを敷いて空調機の室外機を載せている事業所がありましたが，両者とも防虫の点からは"問題あ

88 第3章　生産を支える施設・ユーティリティ・資源のリスクと管理

図表 3-8 施設の衛生管理

食品衛生法施行規則第六十六条の七　別表第十九　1
施設は，屋外からの汚染を防止し，衛生的な作業を継続的に実施するために**必要な構造** 又は**設備**，機械器具の配置及び**食品又は添加物を取り扱う量に応じた十分な広さを有すること**

食品衛生法施行規則第六十六条の二　別表第十七　2 施設の衛生管理
ハ　施設の内壁，天井及び床を清潔に維持すること．
チ　食品又は添加物を取り扱い，又は保存する区域において動物を飼育しないこと

食品衛生法施行規則第六十六条の七　別表第十九　3 施設の構造及び設備
イ　じん埃，廃水及び廃棄物による汚染を防止できる構造又は設備並びにねずみ及び昆虫の侵入を防止できる設備を有すること．
ロ　食品等を取り扱う作業をする場所の真上は，結露しにくく，結露によるかびの発生を防止し，及び結露による水滴により食品等を汚染しないよう換気が適切にできる構造又は設備を有すること．
二　床面及び内壁の清掃等に水が必要な施設にあっては，床面は不浸透性の材質で作られ，排水が良好であること．内壁は，床面から容易に汚染される高さまで，不浸透性材料で腰張りされていること．

り"です．実際に，石やコンクリートブロックをどかすと，アリ，ハサミムシ，ダンゴムシなどの昆虫がたくさん出てきました．

②　必ず準備室から出入

　生産棟への出入口はできるだけ限定し，必ず準備室を通過してから作業場内に入るような構造にするべきです．原材料搬出入口や出庫口，廃棄物搬出口などからの出入りが自由な事業所を見かけます．「外との出入りは，靴を履き替えています」とのことでしたが，そうであれば，少なくとも靴を触った手を洗い，消毒する必要があります．また，作業服にゴミなどが付いているかもしれないので，生産棟へ入るときは準備室で必ず粘着ローラーがけをするべきです．

③ 搬出入口は二重扉に

室内の温度変化を避け，外部からの小動物，昆虫や埃などをシャットアウトするために，搬出入口は二重扉とし，両扉が同時に開いた状態にならないようにインターロック機構にするべきです．

また，窓は開け放しにしてはいけません．開放するのであれば，網戸等で埃，小動物，昆虫の侵入を防止する措置がとられていなければなりません．網戸は"破損箇所がないか"を定期的に確認する必要があります（図表3-6参照）．

④ 作業場内の壁，天井，床の材質や構造

ドライ職場かウエット職場か，扱う原料や工程などで異なりますが，作業場内の壁，天井，床は，清掃・洗浄に適した材質や構造にします（**図表3-9**参照）．また，常に点検し，適切に補修されていなければなりません．例えば，配管を取り外した穴をそのままにしていると，小動物や昆虫の侵入口になります．

図表3-9 清掃しやすい施設の構造

食品衛生法施行規則第六十六条の七　別表第十九　３施設の構造及び設備
ハ　床面，内壁及び天井は，清掃，洗浄及び消毒（以下この表において「清掃等」という．）**を容易にすることができる材料で作られ，清掃等を容易に行うことができる構造**であること．

⑤ 生産現場の照明

生産現場の照明は，作業ごとに適した十分な照度が必要です（**図表3-10**参照）．照明器具は必ず飛散防止タイプにするか，飛散防止処理を施します．工場内を巡視していると，生産現場の検査機のデスクライトが「飛散防止でないタイプ」が使われていることがあります．天井の照明だけでなく，工場内のすべての照明について気配りが必要です．

また，湿度の高い生産現場や冷蔵庫で，照明の飛散防止カバー内に結露水が溜まっているのを何度か見かけました．湿度の高い現場環境の事

90　第 3 章　生産を支える施設・ユーティリティ・資源のリスクと管理

業所では，飛散防止カバーの定期チェック時に，併せて結露水溜まりについてもチェックする必要があります．

⑥　温湿度・換気管理

作業に適した温湿度基準を決め，温度計や湿度計を設置して，定時的に確認し，記録します．温度，湿度が上がりやすい作業環境の場合は，十分な換気などが必要です．そして，天井や壁，換気扇周囲にカビが発生していないか，定期的な点検が必要です（図表 3-10 参照）．

図表 3-10　施設の適切な採光，換気，温度，湿度

食品衛生法施行規則第六十六条の二　別表第十七　2 施設の衛生管理
二　施設内の採光，照明及び換気を十分に行うとともに，必要に応じて**適切な温度及び湿度の管理**を行うこと．

（2）　エリア管理（ゾーニング）

①　生産棟内のエリア管理とは

エリア管理とは，工場内の生産ラインを“機能別”“工程別”に区分し，かつ“衛生管理レベル”によって区分けすることで，それぞれ「汚染区」「準清潔区」「清潔区」，あるいは「ダーティゾーン」「セミクリーンゾーン」「クリーンゾーン」，もしくは「ハイリスクゾーン」「ローリスクゾーン」などと区別します．

例えば，みかん缶詰工場では，搬入したみかんの洗浄は“汚染区”，皮むきや身割りをする“準清潔区”，最終選別〜果肉・シラップ充填〜缶詰巻き締めは“清潔区”などとして，衛生管理レベルを区分けしています．

それらの区域を仕切るのは，隔壁，ビニールカーテン，パーテーションなどです．物理的隔壁であれば区域の空気の圧力を上げて陽圧化することもできるので，管理上は隔壁で区分けするのが最良です（**図表 3-11** 参照）．

3.3 工場敷地・施設のリスクと管理 91

図表 3-11　作業区分に応じた間仕切り等

食品衛生法施行規則第六十六条の七　別表第十九　2
　食品又は添加物，容器包装，機械器具その他食品又は添加物に接触するおそれの
あるもの（以下「食品等」という．）への汚染を考慮し，公衆衛生上の危害の発
生を防止するため，**作業区分に応じ，間仕切り等により必要な区画がされ，工程
を踏まえて施設設備が適切に配置され，又は空気の流れを管理する設備が設置さ
れている**こと．ただし，作業における食品等又は従業者の経路の設定，同一区画
を異なる作業で交替に使用する場合の適切な洗浄消毒の実施等により，必要な衛
生管理措置が講じられている場合はこの限りではない．なお，住居その他食品等
を取り扱うことを目的としない室又は場所が同一の建物にある場合，それらと区
画されていること．

　「生産品種ごとにラインを組み替えたりするのでゾーニングなどはし
ていられない」とか，「いくつもゾーンがあると運搬作業がとても面倒」
という声もあるかと思いますが，微生物汚染や防虫管理，異物混入を防
ぐ方が重要です．ある工場では，大きな作業現場を区分けせずにそのま
ま使っていましたが，粉体原料保管場所と蒸気を出す設備が同じ区画内
にあって，原料の品質劣化が非常に気になりました．

　ある工場のラインで，毛髪の異物混入が急に増えたことがありまし
た．その原因は，人の動線が変化したため，ライン際を通過する人が増
えたことが原因でした．そこで，ビニールカーテンを設置して人の動線
とラインを分離したところ，毛髪混入は無くなりました．

　また，ある作業を見ていたとき，「セミクリーン工程」にいた“手の
遅い作業員”を補助してあげる“優しい作業員”が，隣の「クリーン工
程」にいました．しかし，“セミクリーン工程で付着した微生物”が，
クリーン工程を微生物汚染させる原因になっていました．そこで，「他
工程には手を出さない」ことを徹底させ，人の移動をなくしました．ス
ペースが狭くて，ビニールカーテンすら設置できない場合もあります．
しかし，狭くても，お金をかけなくても，作業区分けを確実にすること
でエリア区分ができる場合もあるのです．

92　第3章　生産を支える施設・ユーティリティ・資源のリスクと管理

② ゾーンごとに違うルール

図表3-12はエリア管理の例です．清潔区と準清潔区では出入り口を別にして，帽子，服装，靴をそれぞれ専用化したり，手袋やマスクを替えたりする必要があります．

清潔区に包装材料を持ち込むときには段ボール等の"汚染のおそれがある外装包材"を剥がしてから持ち込むなど，ゾーンごとのルールが必要です．

エリア管理は，人，物などの動線を考慮して設定することが大切です．清潔区から準清潔区へは入れますが，準清潔区から清潔区に戻ることは禁止です．巡視中に清潔区から準清潔区に入って，案内役の方が

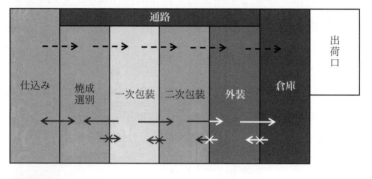

図表3-12　エリア管理の例

図表3-13　作業着，専用の履物の着用等

食品衛生法施行規則第六十六条の二　別表第十七　7 食品又は添加物を取り扱う者の衛生管理

　ホ　**食品等取扱者**は，食品又は添加物を取り扱う作業に従事するときは，**目的に応じた専用の作業着を着用し，並びに必要に応じて帽子及びマスクを着用すること**．また，**作業場内では専用の履物を用いる**とともに，作業場内で使用する履物を着用したまま所定の場所から出ないこと．

「では，中を通って戻りましょう」との言葉に（つまり，清潔区へ逆戻りする），「それはダメでしょう．一旦外へ出て，戻りましょう．申し訳ありませんが，長靴は後で洗浄してください」とお願いをしたことがありました（**図表 3-13** 参照）．

3.3.4　トイレ・更衣室・準備室

（1）　トイレ

トイレは作業現場から隔離されていなければなりません．食品衛生法では次のように定められています．

図表 3-14　トイレについて

食品衛生法施行規則第六十六条の七　別表第十九　3 施設の構造及び設備
ヲ　次に掲げる要件を満たす**便所を従業者の数に応じて有する**こと．
　（1）**作業場に汚染の影響を及ぼさない構造**であること．
　（2）**専用の流水式手洗い設備を有する**こと．

食品衛生法施行規則第六十六条の二　別表第十七　2 施設の衛生管理
ト　**便所は常に清潔にし，定期的に清掃及び消毒を行う**こと．

トイレは汚染区ですので，本来は準備室から出て更衣室で服を着替え，私靴，あるいは外用サンダルなどを履いてトイレに行く，というような設計になっているのがよいのです．以前，監査した工場で，包装作業現場の隅にトイレがあって，びっくりしたことがありました．

（2）　更衣室

更衣室も作業現場から隔離されていなければなりません．

また，施設内に入る外部業者には，従業員と同じルールを順守徹底するべきです．

（3）　準備室

生産棟への出入りは「準備室を経由する」べきです．準備室は“作業現場に入る準備をする部屋”であり，鏡で服装や帽子の着用状態を点検

94　第3章　生産を支える施設・ユーティリティ・資源のリスクと管理

図表 3-15　更衣室，喫煙，飲食について

食品衛生法施行規則第六十六条の二　別表第十七　7 食品又は添加物を取り扱う者の衛生管理
ル　食品等取扱者は所定の場所以外での着替え，喫煙及び飲食を行わないこと

食品衛生法施行規則第六十六条第七項　別表第十九　3 施設の構造及び設備
タ　更衣場所は，従事者の数に応じた**十分な広さ**があり，及び**作業場への出入りが容易な位置**に有すること．

図表 3-16　施設内に入る外部の人の扱い

食品衛生法施行規則第六十六条の二　別表第十七　7 食品又は添加物を取り扱う者の衛生管理
ヲ　食品等取扱者以外の者が施設に立ち入る場合は，**清潔な専用の作業着に着替えさせ**，本項で示した**食品等取扱者の衛生管理の規定に従わせる**こと．

図表 3-17　手洗い設備の備品について

食品衛生法施行規則第六十六条の二　別表第十七　3 設備等の衛生管理
チ　手洗設備は，**石けん**，**ペーパータオル等**及び**消毒剤**を備え，**手指の洗浄及び乾燥が適切に行うことができる状態を維持**すること．

して，粘着ローラーかけをし，手を洗い，消毒をします．生産品種によってはブーツバスや，エアシャワールームを通過します．

　液体石鹸や消毒剤が切れていることがよくありますので，液体石鹸や消毒剤の補充管理は大切です．点検前に石鹸が切れていたら，気づいた作業者が"石鹸切れの連絡をする"といった従業員教育も重要です．準備室内では服装や帽子などの着用状態を点検するため，室内は薄暗くてはいけません．

　また，服装を鏡でチェックしますが，そこで気を付けなければならないのが，鏡そのものです．時々，立派な鏡で「寄贈」の文字が入っている姿見を見かけたことがありました．鏡は金属製や樹脂製のものを使用する必要があり，準備室といえども生産棟内ではガラス製品は禁物です．「ご寄贈いただいたものなので」ということであれば，飛散防止のためフィルムを貼る必要があります．

3.4 原材料のリスク管理

3.4.1 原材料管理

(1) 外観，封緘，室温チェック

原材料の入荷時には，受入検査を実施する必要があります．原材料の規格・特性に応じた受入検査基準を明確にし，検査項目と検査手順を「受入検査手順書」に記載し，これに準じて受入検査を実施します．

入荷作業者，あるいは品質管理部検査分析担当者が受入検査を実施します．色・味・風味など官能的に問題がないかを，必要に応じて検査，分析します．油脂や香料などでは，メーカーの検査報告書で確認することもあります．メーカー保証で受入検査不要であっても，"冷蔵品や冷凍品は所定の品温で入荷したか"　"外装カルトンやクラフト袋の汚れや濡れ，破れがないか"　など，水際でもチェックできる項目を確認して合否判定結果を記録します．移り香のおそれがあるものについては，輸送車両の荷室の臭いや汚れがないか確認すべきです．

ある監査のとき，原料倉庫に保管されていた原料の外装クラフト袋に，スニーカーの靴跡が付いていました．運搬業者が積み下ろし作業時に原料の上に乗ったためについたものでした．このような不合格品を発見した時には，運搬業者に指導した上で受け入れ拒否をするか，あるいはクラフト袋の外装を剥がして受け入れる，などのルールが必要です．不合格品の軽重度によっては，品質管理部署の長が運送業者を指導したり，納入業者の受け入れを拒否して"原因と対策の報告"を求めたり，再発防止策を要請するようにします．

また別の監査の時，保管倉庫でグラニュー糖の外装クラフト袋が破れて，外にこぼれているのを発見したことがありました．「元々破れていたのか，受け入れ後に破れたのか」は確認できませんでしたが，"受け入れ時に既に破れていたのなら受け入れ拒否"，"受け入れ後に破れたのであれば品質に問題ないように補修し，そこに入荷受入作業者がサインを記入して合格品とする"など，ルールの設定が必要です．また，原料

原産地表示の対象となる原材料については受け入れ時，または計量や投入する前に規格書に記載された産地と一致していることを確認するようにします．

(2)　賞味期限のチェック

トレーサビリティに対応できるよう，受入検査記録には品名，生産日，ロット，生産時刻，バッチ番号，賞味期限，受入れ量などの必要事項を記録し，先入れ先出しと賞味期限を管理します．

(3)　残留農薬や残留動物薬の検査結果

原料が農産物，畜産物，水産物であれば，それぞれの特性に応じた項目の確認が必要です．例えば，「メーカー保証する」のであれば「原料規格書（仕様書）」に明記してもらうか，残留農薬や残留動物薬（飼料添加物及び動物用医薬品）などの検査結果の提出を納入元に要請します．

(4)　食品中の放射性物質基準

日本では国際的な食品の規格・基準を定めているコーデックス委員会（世界保健機関（WHO）と国連食糧農業機関（FAO））の指標である「年間1ミリシーベルト」を超えないように設定されています（**図表3-18**）．

図表3-18　放射性セシウムの新基準値[※]

（単位：ベクレル/kg）

食品群	基準値
飲料水	10
牛乳	50
一般食品	100
乳児用食品	50

[※]放射性ストロンチウム，プルトニウム等を含めて基準値を設定

出典：「食品中の放射性物質の新基準値及び検査について」
　　　厚生労働省医薬食品局食品安全部

(5) 開封原料の保管管理

未開封原料の保管管理のみならず，"計量残"となった開封原料は，保管方法と使用可能期限などを決めて，品質に問題が発生しないように保管管理すべきです．

仕掛品，中間製品，半製品についても保管方法と使用可能期限を決めて保管管理します．本書では，仕掛品とは「材料から製品になる過程の中間的製品で，かつ，そのままでは販売できる状態ではないもの」，中間製品とは「準備工程などでユニット化された状態のものや，最終工程手前で「まだ組み合わせしていない」，あるいは「ミックス包装されていない状態」のもの，半製品とは「自体が製品として販売可能な状態であるが，事業社にとっては製造途中であるもので，仮取り品あるいはバルク取り品とも言う」としています．

(6) 食品用器具，容器包装のポジティブリスト制度

食品衛生法改正では，「食品用器具・容器包装のポジティブリスト制度」が2020年6月の施行時に導入されました．「使用を認める物質」のリストを作成し，「使用を認める物質」以外の使用を原則として禁止する制度です．

「使用を認める物質」の対象は合成樹脂です（**図表 3-19** 参照）．

図表 3-19

食品衛生法施行令　第一条
　食品衛生法（以下「法」という．）**第十八条第三項の政令で定める材質は，合成樹脂**とする．

では，どんな器具や容器包装なのでしょうか．

本項目でいう器具とは，具体的には，合成樹脂製のコップ，スプーン，トング，ザル・ボウル，包丁，まな板，製造機械類，運搬具で，合成樹脂製の容器包装とは箱，袋，包装紙ですが，食品接触面に合成樹脂の層が形成されている場合の合成樹脂（例：牛乳パック，野菜ジュースパッ

98　第3章　生産を支える施設・ユーティリティ・資源のリスクと管理

図表 3-20

食品衛生法　第四条
　この法律で食品とは，全ての飲食物をいう．
　第四項　この法律で**器具とは，飲食器，割ぽう具その他食品又は添加物の採取，製造，加工，調理，貯蔵，運搬，陳列，授受又は摂取の用に供され，かつ，食品又は添加物に直接接触する機械，器具その他の物**をいう．ただし，農業及び水産業における食品の採取の用に供される機械，器具その他の物は，これを含まない．
　第五項　この法律で**容器包装とは，食品又は添加物を入れ，又は包んでいる物で，食品又は添加物を授受する場合そのままで引き渡すもの**をいう．

ク等）は含まれます．なお，合成樹脂には「熱可塑性を持たない弾性体であるゴム」は含みません．

　作業者が「100円ショップ」で「便利そうだと購入して，作業現場で使用していた合成樹脂製品は"文房具売り場"で購入したもの」でした．ポジティブリストで認められているか確認が必要です．

3.4.2　水質管理

（1）「飲用適」の水

　"仕込みなどの製造工程に使用する水"は，以下のように定められて

図表 3-21　製造で用いる水について

食品衛生法施行規則第六十六条の二　別表第十七　4使用水等の管理
イ　食品又は添加物を製造し，加工し，又は調理するときに使用する水は，**水道法**（昭和三十二年法律第百七十七号）**第三条第二項に規定する**水道事業，同条第六項に規定する**専用水道若しくは同条第七項に規定する簡易専用水道により供給される水，又は飲用に適する水である**こと．ただし，冷却その他食品又は添加物の安全性に影響を及ぼさない工程における使用については，この限りではない．

食品衛生法施行規則第六十六条の七　別表第十九　3施設の構造及び設備
ト　法（とは食品衛生法）第十三条第一項の規定により別に定められた規格又は基準に**食品製造用水の使用について定めがある食品を取り扱う営業にあってはヘ**（図表3-22）の適用については，「飲用に適する水」とあるのは「**食品製造用水**」とし，**食品製造用水又は殺菌した海水を使用できるよう定めがある食品を取り扱う営業にあってはヘ**（図表3-22）の適用については，「飲用に適する水」とあるのは「**食品製造用水若しくは殺菌した海水**」とする．

いand います。「水道法で定められた専用水道や簡易専用水道により供給される水」又は「飲用適の水」でなければなりません（**図表3-21**参照）。

　飲用適の水に混入しないよう防止策を講じた上で、食品等に影響を及ぼさない用途で使用する水は問題ありませんが、以前、監査で訪問した工場で、工事の際に業者が配管を間違えてしまい、「洗浄用の井戸水」が「水道水」に混入していたことがあったそうです。工事後は確認作業が必要です。また、配管を色分け塗装したり、配管にリング状に識別マークを入れたりするなど、誰にでも見分けがつくようにしておくことも重要です。

　食べるための氷や、食品に直接接触する氷も「水道法で定められた専用水道や簡易専用水道により供給される水」又は「飲用適の水」から作る必要があります（**図表3-22**参照）。輸入食品の仕込み水を確認する場合は、輸入業者を通して水質検査成績書を要求します。その際には、水質基準が"輸出国の水道基準"なのか、"WHO基準"なのかを確認しておくと安心です。

図表3-22　製造で用いる氷について

食品衛生法施行規則第六十六条の二　別表第十七　4使用水等の管理
　ヘ　食品に直接触れる氷は、適切に管理された給水設備によって供給されたイ（図表3-21）の条件を満たす水から作ること。また、氷は衛生的に取り扱い、保存すること。

（2）　井戸水の水質検査

　水道水以外の水を使用する場合は、年1回以上水質検査をして、井戸水が「飲用適の水」であることを確認する必要があります。検査成績書は、その井戸水を使って生産した商品が消費されるまでの間は保管するようにします（**図表3-23**参照）。

　水道水以外の水を「食品に直接接触する水」として使用している場合は、自主的に水質検査をして記録します。仕込みや「食品に直接接する水」として水道水を使う場合でも、生産棟の水道水取入れ口から最も遠

100 第3章 生産を支える施設・ユーティリティ・資源のリスクと管理

い場所にある蛇口から採水した水の，色，濁り，臭い，味などをチェックし，残留塩素濃度を測定することが望ましいのです．これについても記録を残しておきます．

図表 3-23 製造で使う水の管理について

食品衛生法施行規則第六十六条の二 別表第十七 4使用水等の管理
ロ 飲用に適する水を使用する場合にあっては，一年一回以上水質検査を行い，成績書を一年間（取り扱う食品又は添加物が使用され，又は消費されるまでの期間が一年以上の場合は，当該期間）保存すること．ただし，不慮の災害により水源等が汚染されたおそれがある場合にはその都度水質検査を行うこと．
ト 使用した水を再利用する場合にあっては，食品又は添加物の安全性に影響しないよう必要な処理を行うこと．

（3） 井戸水の殺菌装置稼働状況チェック

井戸水の殺菌に浄水装置を使っている場合は，装置が正常に稼働していることを，作業開始前に確認する必要があります（**図表 3-24** 参照）．また，生産中も定時的に確認し，正常に稼働していることを確認，記録しなければなりません．

図表 3-24 製造で使う水の管理について

食品衛生法施行規則第六十六条の二 別表第十七 4使用水等の管理
ホ 飲用に適する水を使用する場合で殺菌装置又は浄水装置を設置している場合には，装置が正常に作動しているかを定期的に確認し，その結果を記録すること．

（4） 貯水槽の定期点検・清掃

貯水槽の清掃（**図表 3-25** 参照）を業者に委託する場合は，「清掃実施の報告書」と清掃後の「水質検査成績書」の提出を求め，保管します．自社で実施する場合は清掃手順を明確にし，清掃作業者が健康であることを検便などで確認し，手順通りに清掃したという記録を残します．記録には第三者も確認しやすいように貯水槽内の"清掃前"と"清掃後"の写真を撮って清掃記録に貼付します．

3.4 原材料のリスク管理 **101**

図表 3-25 貯水槽の管理について

食品衛生法施行規則第六十六条の二　別表第十七　4 使用水等の管理
ニ　貯水槽を使用する場合は，貯水槽を定期的に清掃し，清潔に保つこと．

食品衛生法施行規則第六十六条の七　別表第十九　3 施設の構造及び設備
ヘ　水道事業等により供給される水又は飲用に適する水を**施設の必要な場所に適切
な温度で十分な量を供給することができる給水設備を有する**こと．水道事業等
により供給される水以外の水を使用する場合にあっては，**必要に応じて消毒装
置及び浄水装置を備え，水源は外部から汚染されない構造を有すること．貯水
槽を使用する場合にあっては，食品衛生上支障のない構造である**こと．

　貯水槽を使用する場合は，定期的に清掃し水質検査を行い，清掃記録
及び検査成績書を保存することが望ましい．所有者が異なる場合は，管
理者等に申し入れをすることが望ましいです．

(5)　不慮の事故や災害時の水質検査

　水質検査の結果，飲用適の水でなくなったときは，直ちに使用を中止
し，適切な措置をとる必要があります（**図表 3-26** 参照）．不慮の事故
や災害が起こった場合は水質を検査し，問題のないことを確認してから
生産を開始するようにします．

図表 3-26

食品衛生法施行規則第六十六条の二　別表第十七　4 使用水等の管理
ハ　ロ（図表 3-23）の検査の結果，イ（図表 3-21）の条件を満たさないことが明
らかとなった場合は，直ちに使用を中止すること．

3.5　排水の管理

　以下に，関連法規を示します．

(1) 床をドライに保つ

　ウェットな加工区域の排水設備は清掃しやすい構造にして毎日掃除を

102 第3章　生産を支える施設・ユーティリティ・資源のリスクと管理

図表 3-27　排水について

食品衛生法施行規則第六十六条の二　別表第十七　2施設の衛生管理
ヘ　排水溝は，固形物の流入を防ぎ，排水が適切に行われるよう清掃し，破損した
　　場合速やかに補修を行うこと.

食品衛生法施行規則第六十六条の七　別表第十九　3施設の構造及び設備
リ　排水設備は次の要件を満たすこと.
　(1) 十分な排水機能を有し，かつ，水で洗浄をする区画及び廃水，液性の廃棄物
　　　等が流れる区画の床面に設置されていること.
　(2) 汚水の逆流により食品又は添加物を汚染しないよう配管され，かつ，施設外
　　　に適切に排出できる機能を有すること.
　(3) 配管は十分な容量を有し，かつ，適切な位置に配置されていること.

実施し，床はドライに保てるような設計が望ましいです.

　床，壁，腰板や排水溝を一式として考えるべきで，床および壁は清掃・洗浄しやすいよう，床にはわずかに傾斜を設け，壁と床の接する部分は曲面構造にします．排水溝は蓋無しとし，蓋を付けるのであれば簡単に蓋を取り外せるようにします．排水溝は汚泥だまりができないよう平滑にし，臭気や昆虫の発生などを防ぐようにします.

　床には漏れ止めを施し，凹凸がないようにします．凹凸があるとそこに水溜まりができてしまい，細菌やカビの発生につながります.

(2)　排水方向

　排水方向を“汚染区→準清潔区→清潔区”としてはいけません．例えば，**図表 3-28** で見てみると，充填・巻き締め（清潔区）の排水溝は殺菌・冷却（準汚染区）を通って外へ，原料下処理（準清潔区）の汚水は原料洗浄（準汚染区）を経由して外へと，2方向に流すようにします（矢印①）．あるいは，生産棟に沿って外に一本排水溝を設置し，各区の排水を生産棟外の排水溝に直接流すようにします（矢印②）.

　床，壁，腰板は定期的に点検し，不都合な点があれば適切に補修します.

　排水溝の生産棟出口部には排水マスと，蓋，トラップが必要です．ま

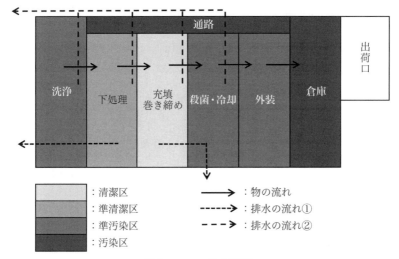

図表 3-28　排水経路

た，生産棟内外の排水溝は淀みなく汚水が流れ，悪臭を発しないよう定期的に点検・清掃します．外の排水溝は土砂やゴミがたまり，草が生えていたり，悪臭が出ていたりすると，昆虫を呼び，それらの棲み家となります．また，近隣の住民にも迷惑をかけることになります．

(3) 廃水処理

筆者は，監査で必ず廃水管理状況について質問します．廃水処理水の検査結果については，基準値を逸脱して操業停止のおそれがないよう，検査結果が"県や市などの基準値"に対して余裕があるかチェックしています．ある程度，数値に余裕がないと，生産増で廃水処理が追いつかなくなり基準値超えをした際には，操業停止などの問題が発生してしまうおそれがあるからです．尚，本書では，「廃水」は工場などで使用して汚れた水，「排水」は不要になった水を工場外へ流すことを前提としています．

104　第3章　生産を支える施設・ユーティリティ・資源のリスクと管理

3.6　廃棄物の管理

　廃棄物については，食品衛生法施行規則には次のように示されています．

図表 3-29　廃棄物の管理

食品衛生法施行規則第六十六条の二　別表第十七　6廃棄物及び排水の取扱い

イ　廃棄物の保管及びその廃棄の方法について，手順を定めること．ねずみ及び昆虫の施設内への侵入を防止すること．

ロ　廃棄物の容器は，他の容器と明確に区別できるようにし，汚液又は汚臭が漏れないように清潔にしておくこと．

ハ　廃棄物は，食品衛生上の危害の発生を防止することができると認められる場合を除き，食品又は添加物を取り扱い，又は保存する区域（隣接する区域を含む．）に保管しないこと．

ニ　廃棄物の保管場所は，周囲の環境に悪影響を及ぼさないよう適切に管理を行うことができる場所とすること．

ホ　廃棄物及び排水の処理を適切に行うこと．

　ある工場の周囲巡視中に異臭がしたので生産棟の裏に回ってみたところ，生ゴミがいっぱい積んであり，ハエが飛び回り，鳥が生ゴミをついばんでいました．「ブロック塀の向こうのマンションでは，さぞ悪臭に閉口していることだろう」と思われました．また，ゴミ出しのため，生産棟の隅にビニール袋を仮置きしている工場がありました．袋からしみ出した汚水が周囲に広がっており，そこを踏み歩いた作業者は，そのまま作業現場を汚し回ることになります．生ゴミは適切に保管し，早め早めに処理するべきです．

図表 3-30　廃棄物を管理する容器や設備

食品衛生法施行規則第六十六条の七　別表第十九　3施設の構造及び設備

カ　廃棄物を入れる容器又は廃棄物を保管する設備については，不浸透性及び十分な容量を備えており，清掃がしやすく，汚液及び汚臭が漏れない構造であること．

　産業廃棄物は自己処理が原則です（**図表 3-31** 参照）が，都道府県の「産業廃棄物収集運搬業」「産業廃棄物処理業」の許可を受けた業者に処

3.6 廃棄物の管理　　**105**

理を委託することもできます．産廃業者に委託する場合は，排出者の責任において，法定の事項を盛り込んだ委託契約を書面で締結し，処理完了を確認するための産業廃棄物管理票（マニフェスト）を発行，回収，照合しなければなりません．

図表 3-31　廃棄物の処理について

廃棄物の処理及び清掃に関する法律
第三条
　事業者は，その事業活動に伴って生じた廃棄物を自らの責任において適正に処理しなければならない．
第十二条　3（抜粋）
　事業者は，その事業活動に伴い産業廃棄物を生ずる**事業場の外において，自ら当該産業廃棄物の保管を行おうとするときは**，あらかじめ，環境省令で定めるところにより，**その旨を都道府県知事に届け出なければならない**．

　廃棄物の不適正処理を行うと，都道府県から措置命令を受けることがあります（**図表 3-32** 参照）．

　従わないと 5 年以下の懲役，もしくは 1,000 万円以下の罰金，またはこの併科に処せられます．

　生ゴミ，金属，段ボール，ポリ製品などは分別が必要ですが，その処理はできるだけ**リサイクル業者に委託**するべきです．

　たとえ廃棄物であっても常に整理整頓をしていないと，次第に乱雑に置かれるようになり，廃棄物置き場が “ゴミ置き場” になってしまいます．

　既に「3.3.1 敷地・施設管理」でも触れましたが，昆虫や鳥，ネズミなどが寄ってこないように，それらの餌場や 棲み家にさせないことが重要です．原料や仕掛品で汚れた缶やポリ製容器をそのまま廃棄物置き場に出すと，昆虫や鳥，ネズミなどが寄ってきますし，ハエは 5 km の範囲を飛ぶそうなので，蓋付き容器にして，必ず蓋を閉めるようにします．

106　第3章　生産を支える施設・ユーティリティ・資源のリスクと管理

図表 3-32　廃棄物の処理について

廃棄物の処理及び清掃に関する法律
第十九条の五　（抜粋）産業廃棄物処理基準又は産業廃棄物保管基準に適合しない
　産業廃棄物の保管，収集，運搬又は処分が行われた場合において，**生活環境の保**
　全上支障が生じ，又は生ずるおそれがあると認められるときは，都道府県知事は，
　必要な限度において，次に掲げる者に対し，期限を定めて，その支障の除去等の
　措置を講ずべきことを命ずることができる.
第二十五条　次の各号のいずれかに該当する者は，**五年以下の懲役**若しくは**千万円**
　以下の罰金に処し，又はこれを併科する.

　廃棄物は，それぞれの質と量に応じた頻度で業者に回収してもらいま
す.回収後は悪臭が残らないよう，容器や置き場は必ず洗浄・清掃しな
ければなりません.廃棄物置き場の窪みに汚水が溜まってハエが異常発
生したケースもあります.廃棄物置き場周辺の排水溝も点検し，清掃し
なければいけません.

3.7　化学薬品の管理

　食品事業者が食品を製造・包装するにあたり，業務管理のひとつとし
て化学薬品の管理があります.例えば，機械器具類及びその部品の洗
浄，消毒または殺菌に用いる洗浄剤や殺菌剤を使用する場合は，適正な
洗浄剤，殺菌剤を適正な濃度及び方法で使用することが重要です.食品
衛生法施行規則では以下を求めています.

図表 3-33　化学薬品の管理

食品衛生法施行規則第六十六条の二　別表第十七　3設備等の衛生管理
　ヘ　洗浄剤，消毒剤その他化学物質については，取扱いに十分注意するとともに，
　　必要に応じてそれらを入れる容器包装に内容物の名称を表示する等食品又は添
　　加物への混入を防止すること.

食品衛生法施行規則第六十六条の二　別表第十七　5ねずみ及び昆虫対策
　ハ　殺そ剤又は殺虫剤を使用する場合には，**食品又は添加物を汚染しないよう**その
　　取扱いに十分注意すること.

３.７　化学薬品の管理　　**107**

　化学薬品についてはリストが必要です．化学薬品には酸・アルカリ，洗浄剤，殺菌剤，消毒剤，農薬，検査分析薬剤，印字溶剤，潤滑油，ブライン，清缶剤などがあり，特に，ブライン等の冷媒剤や熱交換剤等が食品に混入しないこと，機械器具類の注油が直接食品に混入しないよう注意することが必要です．万が一のため，潤滑油は食品グレードのものに，ボイラー用薬剤は食品添加物承認タイプにしておくとよいでしょう．

（1）　化学薬品の保管管理

①　殺鼠剤，殺虫剤

　殺鼠剤，殺虫剤，殺菌剤等については，それぞれがわかるよう明確な表示をし，"製造等に関係のない薬品は作業場に置かない"ことが求められています．殺鼠剤や殺虫剤などは生産棟の外に専用収納庫を設置（**図表 3-34** 参照）し，施錠管理するのが望ましい．

図表 3-34　洗浄剤　殺菌剤の保管

食品衛生法施行規則第六十六条の七　別表第十九　３施設の構造及び設備
ワ　原材料を種類及び特性に応じた温度で，汚染の防止可能な状態で保管することができる十分な規模の設備を有すること．また，**施設で使用する洗浄剤，殺菌剤等の薬剤は，食品等と区分して保管する設備を有する**こと．

　また，事業者は化学薬品の管理責任者を指名し，専用収納庫に管理者名を表示し，必要量だけを管理責任者が作業者に渡します．出庫したら管理台帳に日時，入出庫量と作業者名や納入業者名などを記録するのが望ましい．

　以前，監査で伺った先の製造部長が「防虫は委託管理しており，工場内には殺虫剤はありません」とおっしゃいましたが，準備室の棚に家庭でよく使われる殺虫スプレーが置いてありました．そのことを指摘すると，「ときどき蚊がいるもので……．どうも事務所から持ってくる者がいるようです」とのことでした．一般家庭用の殺虫スプレーであってもきちんとした管理が必要です．

108 第3章 生産を支える施設・ユーティリティ・資源のリスクと管理

② 洗浄，消毒，殺菌剤

　洗浄，消毒，殺菌に使用する洗浄剤や殺菌剤は，生産棟の外に，専用収納庫までではないものの，収納庫に保管し，施錠管理します．そして，必要量だけを管理責任者が作業者に渡し，管理台帳に入出庫量と作業者名を記録します．

③　検査分析用薬剤

　検査分析用薬剤は品質管理室の専用収納庫に保管し，施錠管理します．管理責任者を指名し，専用収納庫に管理者名を表示して，管理責任者は管理台帳に入出庫量などを記録します．

④　印字溶剤，潤滑油，ブライン，清缶剤など

　印字溶剤，潤滑油，ブライン，清缶剤などは生産棟の外に専用収納庫を設け，施錠管理します．そして管理責任者を指名し，専用収納庫に管理者名を表示し，管理責任者は管理台帳に入出庫量などを記録します．

　以前訪問した工場で聞いたことですが，ある時，警察から「シンナーを吸っている若者を補導しました」と電話があったそうです．警察官がシンナーの入手先を問い質したら，「アルバイト先の〇〇食品の倉庫から盗んできた」とのことで，その確認の電話だったそうです．「これは簡単に盗めるぞ」といった悪気を起こさせないような管理が必要です．

(2)　取り扱い，使用方法の教育訓練

　洗浄剤，殺菌剤，その他の化学物質を取り扱う者に対しては，その安全な取り扱い，適正な使用方法について教育訓練を実施しなければなりません（**図表3-35** 参照）．社内教育・訓練の「〇〇年度教育訓練計画」に則って，検査分析作業者には殺鼠剤，殺虫剤などについて，メンテナンス担当者には冷媒剤，熱交換剤などについて外部講習会で研修を受けさせます．そして，教育訓練の結果を「〇〇年度教育訓練年間実施録」に記録します．

3.8 従業員管理とリスク対策　　**109**

図表 3-35　化学物質を扱う教育訓練

食品衛生法施行規則第六十六条の二　別表第十七　13　教育訓練
ロ　化学物質を取り扱う者に対して，使用する化学物質を安全に取り扱うことができるよう教育訓練を実施すること．

（3）　労働安全のために化学物質規制

　人の安全・健康，及び環境の保護を目的に，管理する対象化学物質を増やし，情報伝達や管理するための国際調和が進められています．対象となる物質には香料成分や食品添加物等も含まれます．日本では「特定化学物質の環境への排出量の把握等及び管理の改善の促進に関する法律」（化管法），「労働安全衛生法」（労安法），「毒物及び劇物取締法」（毒劇法）で規制をしています．しかし，法規により対象となる物質，規制する内容に差異がありますので，三法それぞれを確認し対応する必要があります．直近では，2024 年 4 月に労働安全衛生法施行令が改正施行され，対象物質が大幅に増え，ラベルや SDS による情報伝達，使用者にはリスクアセスメントの実施，保護具などの着用，化学物質管理者の選任などによる安全確保が義務付けられました．そのため，化学物質を取り扱う事業者は試薬，洗剤，農薬等だけではなく，香料・添加物，対象物質を含む加工食品はラベルの表示内容の確認，原料規格書や SDS を入手し，安全確保のために適切な対応と管理記録をする必要があります．また対象物質・管理方法は改変されるため，ラベル表示や SDS 情報が更新された時には内容を確認しなければなりません．

　　　　参照：厚生労働省 HP「職場における化学物質対策について」
　　　　　　　経済産業省 HP「化学物質排出把握管理促進法」

3.8　従業員管理とリスク対策

3.8.1　5S が「一般衛生管理」の基本

（1）　"清潔"と"衛生的"とはどう違うのか

　監査で工場に伺うと，「この工場は古いので……」とおっしゃる工場

110　第3章　生産を支える施設・ユーティリティ・資源のリスクと管理

長や製造部長がおられますが，たとえ古くても“きれい”な環境にして
おくことが重要です（**図表3-36** 参照）.

図表3-36　清潔で衛生的であること

食品衛生法
第五条　販売（不特定又は多数の者に対する販売以外の授与を含む．以下同じ.）
　の用に供する食品又は添加物の採取，製造，加工，使用，調理，貯蔵，運搬，陳
　列及び授受は，**清潔で衛生的に行われなければならない**.

　では，“清潔”と“衛生的”とはどう違うのかというと，“清潔”は見
た目にきれいなことで主観的，“衛生的”は科学的にきれいということ
で客観的な見方の違いなのです．ですから，衛生については法的な基準
や自主基準がありますが，清潔については基準がありません.

（2）　5Sは一般衛生管理の最重要項目

　5Sは5つの“S”（頭文字）で，各職場において徹底されるべき基本
的事項です．以下がその内容です.
整理：必要なものと不要なものを選別して，いらないものを捨てる.
整頓：決められたものを決められた場所に置き，いつでも取り出せる状
　　　態にしておく.
清掃：きれいに掃除をしながら，あわせて異常のないことを点検する.
清潔：整理・整頓・清掃を徹底して実行し，きれいな状態を維持する.
しつけ：決められたルール・手順を正しく実行できるよう習慣づける.
　食品工場の基本は“きれいなこと”であり，ゴミ，埃，虫，細菌やカ
ビができる限り少ない状態でなければなりません（科学的な検査をする
ことで，客観的に衛生的に“きれい”であることを監査者に見せること
も必要ですが）．そのため，5Sは一般衛生管理の最重要項目なのです.

（3）　きれいになると別の箇所が目立つ

　生産現場を巡視していると，仕込み原料や未包装品のこぼれがあった
り，設備の片隅にスパナやネジが置いてあったり，糖度計や温度計が無

造作に置いてあるのを見かけます．工具は落下して設備に損傷を与えたり，ネジがゆるみ落下して金属異物混入となったり，無造作に置いた糖度計や温度計が床に落ちて大事な計測器が使えなくなるなどのおそれがあります．また，掃除の手が届きにくい箇所で食品のこぼれがあると，昆虫の発生源になったりします．

「料理上手は，片付け上手」という言葉があります．そのような人は，料理工程や道具の収納場所が頭の中で整理されていて，料理の手際がよく，きれいに片付けもできるのだそうです．生産現場ではたくさんの方々が働いており，十人十色なのでルールの徹底も簡単にはいかないだろうと思いますが，だからこそ，組立手順や検査手順，治具・道具，計測器の収納場所を決めておく必要があります．清掃手順が決まっていて，外した部品や器具などの収納場所が決まっていれば，5S が実践されます．さらに，管理上足りないルールや徹底不足を見つけ出し，しっかり取り組むと 5S がさらにもう一歩，進みます．

職場がきれいになって管理レベルが上がると，別の問題箇所が目立ってきます．そこで，"あそこもここもきれいにする"という連鎖になりますが，実はそれが大事なのです．監査で巡視中に「省エネしていて，ちょっと薄暗いのですが……」と言われることがありますが，薄暗いと汚い箇所が見えにくいものです．照明は明るくし，壁や天井も明るい色調の方が汚い箇所がよく見えます．汚れなどがよく見えるよう，明るくすることが大切です．

また，自主点検体制を作って定期巡視し，多くの目で点検するべきです．職場環境が明るく，きれいになることによって気づきが増え，作業者の仕事や衛生に対する意識や知識が高まることが期待できます．

3.8.2 衛生・不要品の持ち込み管理

(1) 衛生教育の実施

食品事業者または食品衛生責任者は生産活動が衛生的に行われるよう，作業者に衛生的な取扱方法，汚染防止の方法，適切な手洗いの方

112 第3章 生産を支える施設・ユーティリティ・資源のリスクと管理

法，健康などの食品衛生の必要な衛生教育を実施することが必要です
（**図表3-37** 参照）．

図表3-37 衛生教育

食品衛生法施行規則第六十六条の二　別表第十七　13教育訓練
イ　食品等取扱者に対して，**衛生管理に必要な教育を実施する**こと．

　入社時の衛生指導の他に，課や係単位，あるいはライン単位の朝礼で
は，手洗い・消毒の励行，不要物の持ち込み禁止や装飾品の着用禁止な
どを定期的に指導・徹底することが重要です．また，衛生教育の効果を
定期的に評価し，見直すことが重要です（**図表3-38** 参照）．

図表3-38 教育効果の検証と見直し

食品衛生法施行規則第六十六条の二　別表第十七　13教育訓練
ハ　イ（図表3-37参照）及びロ（図表3-35参照）の**教育訓練の効果について定期
　的に検証を行い，必要に応じて教育内容の見直しを行う**

図表3-39 衛生管理

食品衛生法施行規則第六十六条の二　別表第十七　7食品又は添加物を取り扱う者
の衛生管理
チ　食品等取扱者は，**爪を短く切るとともに手洗いを実施し，食品衛生上の危害を
　発生させないよう手指を清潔にする**こと．
ヌ　食品等取扱者は，食品又は添加物の取扱いに当たって，食品衛生上の危害の発
　生を防止する観点から，**食品又は添加物を取り扱う間は次の事項を行わないこ
　と．**
　1）**手指又は器具若しくは容器包装を不必要に汚染させる**ようなこと．
　2）**痰又は唾を吐く**こと．
　3）**くしやみ又は咳の飛沫を食品又は添加物に混入し，又はそのおそれを生じさ
　　せる**こと．

　汚染区域（便所を含む）で作業した後には，準清潔区や清潔区にはそ
のままの衣服・履物で入らないよう指導が必要です（図表3-13，**図表
3-40** 参照）．

　手袋は材質によって，設備の回転部に巻き込まれやすくなることがあ

るため慎重に選択する必要があります（**図表3-41**参照）.

図表3-40 不要物の持ち込み禁止

食品衛生法施行規則第六十六条の二　別表第十七　7食品又は添加物を取り扱う者の衛生管理
ヘ　食品等取扱者は，**手洗いの妨げとなる及び異物混入の原因となるおそれのある装飾品等を食品等を取り扱う施設内に持ち込まない**こと.

図表3-41 手袋について

食品衛生法施行規則第六十六条の二　別表第十七　7食品又は添加物を取り扱う者の衛生管理
ト　食品等取扱者は，**手袋を使用する場合は，原材料等に直接接触する部分が耐水性のある素材の物を原則として使用する**こと.

図表3-42 手洗いについて

食品衛生法施行規則第六十六条の二　別表第十七　7食品又は添加物を取り扱う者の衛生管理
リ　食品等取扱者は，**用便又は生鮮の原材料若しくは加熱前の原材料を取り扱う作業を終えたときは，十分に手指の洗浄及び消毒を行う**こと. なお，使い捨て手袋を使用して生鮮の原材料又は加熱前の原材料を取り扱う場合にあっては，**作業後に手袋を交換する**こと.

(2) 「ポジティブリスト」式持ち込み禁止リスト

よく更衣室や準備室などに「持ち込み禁止物」の掲示がありますが，筆者は "「掲示で許可している物」以外は持ち込んではいけない" という掲示，すなわち「ポジティブリスト」式で掲示すべきだとアドバイスしています. そうでないと，「掲示物で "持ち込みを禁止している物"」以外は持ち込んでもよい，と解釈されてしまうおそれがあるからです. ある工場の監査で巡視していたとき，作業現場の測定器具置場にゲーム機が置いてありました. また，作業現場の机にはフィギュアが置いてあり，ゴミ箱には当日生産品目ではないお菓子の個装紙が捨ててありました. このようなことがありますので，「持ち込んでよい物」だけのリストを明示すべきです. 例えば管理責任者が携帯電話を持っていると，作

114　第3章　生産を支える施設・ユーティリティ・資源のリスクと管理

図表3-43　持ち込み許可品リスト

持ち込み許可品	眼鏡[※1]	手帳	ボールペン	携帯電話	工具及び工具箱	ストップウォッチ	測定器具
一般作業者	○	×	×	×	×	×	×
管理責任者	○	○	○	○	×	×	×
営業担当者	○	○	○	○	×	×	×
メンテナンス署員	○	○	○	○	○	○	×
品質保証部署員	○	○	○	○	○	○	○
工場長	○	○	○	○	×	×	×
来客者	○	※2	※2	×	×	×	×

○印の物のみを持込み許可とする.
※1　ファッショングラスを除く. コンタクトレンズの使用は禁止する.
※2　工場で許可したもののみを可とする.

業者が「私たちには禁止しておいて，自分たちはスマホを持ち込んでいる. ずるい.」と思われてはよくありません. そのため，職務上必要な持ち込み許可品，役職上必要な持ち込み許可品を同じ掲示物内に明確にします. ひとつの例を（**図表3-43**参照）に示します.

(3)　抜き打ち検査・指導

　準備室で，入室手順，持ち込み品，爪の手入れやアクセサリー禁止などが守られているかを抜き打ち検査・指導することは大切です. もちろん，実施記録を残すことが必要で，繰り返し違反する者には管理責任者が指導します.

3.8.3 トイレ

　銀行員が融資先の会社を訪問したとき，「まずトイレを見る」と，以前聞いたことがあります. トイレが汚いと「社員教育もできていない，レベルの低い会社だ」と判断するそうです.

監査で訪れたある工場で，トイレの窓が全開していたり，網戸が破れていたり，チョウバエが発生していたことがあり，「なぜ作業者から破損報告が上がらないのか」「作業者に『何を報告すべきか』を教育していないのだろうか」と思うことがありました．

食品衛生法では，"トイレには専用の手洗い設備と消毒装置を設ける"ことを定めています（図表3-14参照）．

ある工場では，アルコール噴霧をするとトイレのドアが自動的に開く仕組みになっていましたが，一旦ドアが開くと"まだ手を洗っていない2, 3人も一緒に出て行く"という光景を見ました．せっかく設備が整っていても，ルールに従わせる衛生教育を徹底させなければ品質保証の意味・効果がありません．

3.8.4　更衣室

ロッカー内やその上部，床などは常に整理・整頓・清潔にし，作業衣には異物や汚れが付いていないようにしておくことが大切です．そして，作業者自らが率先して更衣室を整理・整頓，清潔にしておくよう指導しなければいけません．

また，社内で盗難が起きにくいよう，貴重品を身につけて出社しないこと，あまり多くの荷物を持って出社しないことなども指導すべきです．ロッカーの鍵はダイヤル式にして，鍵を持ち歩くことがないようにするなどの工夫も必要です．

3.8.5　準備室

準備室では，生産棟への入室準備としての手洗い・消毒方法，服装や帽子などの着用状態，点検ポイントや，エアシャワールームの手順などを掲示し，遵守するよう指導徹底が必要です．また，入室準備の順番を掲示することも重要です．

従業員以外の者が生産棟に立ち入る場合は，帽子，マスク，作業着，作業靴など作業者と同じ「身なり」になり，同じ衛生上のルール遵守を

116　第3章　生産を支える施設・ユーティリティ・資源のリスクと管理

お願いするようにします（図表 3-16 参照）.

　時々，工場を案内してくださる工場長などが腕時計をしているのを見かけます．出張先の生産現場で工程管理指導の真っ最中，思わず私が「今，何時だろう」と声に出すと，立ち合いで参加の品質管理部長が「15 時です」と答えたので，参加中の全員が「え！」ということもありました．職位が高くなる者，指導的立場になる者ほどルールを守らなくてはなりません．

3.8.6　健康管理

（1）　健康診断・健康チェックと検便

　食中毒菌やウイルスは食品等からの感染の他，感染した作業者や症状のない保菌状態の者からも食品が汚染されるので，保菌者や感染者の不十分な手洗い・消毒が原因で食中毒につながることがあります．そのため，毎日作業前に健康チェックをするルールを定め，作業者の健康管理を徹底することが重要です．

　また，定期的に健康診断を実施し（**図表 3-44** 参照），記録します．また，1 年に 1 回以上，サルモネラ，赤痢菌，病原性大腸菌（O157）などの検便検査を実施し，記録します（**図表 3-45** 参照）.

図表 3-44　健康診断

食品衛生法施行規則第六十六条の二　別表第十七　7 食品又は添加物を取り扱う者の衛生管理
イ　食品又は添加物を取り扱う者（以下「食品等取扱者」という．）**の健康診断は，食品衛生上の危害の発生の防止に必要な健康状態の把握を目的として行うこと.**

図表 3-45　検便

食品衛生法施行規則第六十六条の二　別表第十七　7 食品又は添加物を取り扱う者の衛生管理
ロ　都道府県知事等から食品等取扱者について検便を受けるべき旨の指示があつたときには，食品等取扱者に検便を受けるよう指示すること.

検査結果は個人情報ですから，漏れのない保管管理をする必要があります．監査では実施した記録があることと，検便検査項目をチェックしますが，個人情報のため結果の記録内容のチェックはしません．

(2)　健康上の問題が見つかった従業員について

健康上問題のある従業員が見つかった場合の，ルールを定めておく必要があります．例えば，検便結果で従業員がサルモネラ菌陽性であった場合，速やかに医療機関で受診させて再検査で陰性を確認できるまで治療を受けさせ，完治してから出勤させます．

腸管出血性大腸菌 O157，赤痢菌，チフス菌，パラチフス菌陽性は，「感染症の予防及び感染症の患者に対する医療に関する法律」の対象となっている三類感染症です．これらの罹患が疑われる際には速やかに医療機関で受診，治療を受けさせなければなりません（**図表 3-46** 参照）．診断の結果，これらの感染症であると確認された場合は就業制限があり，医師が保健所に連絡するので，保健所の指示に従ってトイレや作業現場内の消毒を行います．

再検査後は，保健所から復帰の時期などの指示を受け，それに従うことになります．

図表 3-46　従業員が感染症にかかった場合

感染症の予防及び感染症の患者に対する医療に関する法律
第 18 条　都道府県知事は，一類感染症の患者及び二類感染症，三類感染症又は新
　型インフルエンザ等感染症の患者又は無症状病原体保有者に係る届出を受けた
　‥‥‥
　2　前項に規定する患者及び無症状病原体保有者は，当該者又はその保護者が同
　項の規定による通知を受けた場合には，**感染症を公衆にまん延させるおそれがあ
　る業務として感染症ごとに厚生労働省令で定める業務に，そのおそれがなくなる
　までの期間として感染症ごとに厚生労働省令で定める期間従事してはならない．**

従業員には次の症状を呈している場合（**図表 3-47** 参照），その旨を職場の責任者等に申告させ，事業者あるいは食品衛生責任者はその作業者に食品の取扱作業に就かせないとともに，医師の診断を受けさせるの

118　第3章　生産を支える施設・ユーティリティ・資源のリスクと管理

がよいでしょう.

図表 3-47　従業員の疾病

食品衛生法施行規則第六十六条の二　別表第十七　7 食品又は添加物を取り扱う者
の衛生管理
ハ　**食品等取扱者が次の症状を呈している場合は，その症状の詳細の把握に努め，
当該症状が医師による診察及び食品又は添加物を取り扱う作業の中止を必要と
するものか判断すること.**
　1）黄疸,
　2）下痢,
　3）腹痛,
　4）発熱,
　5）皮膚の化膿性疾患等,
　6）耳，目又は鼻からの分泌（感染性の疾患等に感染するおそれがあるものに限
　　る.）,
　7）吐き気及びおう吐

　生産棟へ入る時，毎日の健康チェックで，図表 3-47 参照に示された
症状がある者は管理責任者に自己申告し，判断を仰ぐようにします. そ
して，管理責任者は当該作業者から聞き取りをし，場合によっては帰宅
させるか，速やかに医療機関で受診させるなどの判断が必要です. 検査
の結果，陰性であれば管理責任者に報告後，職場に復帰できます. 感染
している場合は，医師の指示に従って治療させなければなりません.

　海外出張や海外旅行で帰国した従業員に下痢，吐き気，嘔吐，腹痛が
認められた場合は，検便検査で保菌状態を確認する必要があるので，こ
れについてもルール化しておきます.

　インフルエンザが流行している時期に，無理をして作業させるとイン
フルエンザを工場中にまん延させることになります. そうならないため
に，生産調整をするという判断も必要になります.

　先に示した（図表 3-47 の 5 参照），および手指などに外傷がある場合
は，帰宅させたり，自社指定の絆創膏（以降，カットバンと言う）を巻い
て手袋をして作業させたり，包装前の製品に手で触れない作業に配置転
換させたりします. カットバンを巻く場合は作業現場を出て，管理責任

者が工場専用のカットバンを1枚だけ渡し，その場でカットバンを装着させ，作業者の氏名，日付，渡した枚数などを記録します（大事なことは，予備のカットバンを渡してはいけません）．帰宅前にはカットバンを紛失していないことを管理責任者が確認し，記録します．これは，カットバンが剥がれて異物混入となるおそれがある上，クレームがあった場合，自社従業員から脱落混入したカットバンか判別できないからです．自宅でケガをしてカットバンを巻いて出社した作業者には，カットバンを剥がさせて傷口を確認し，傷口が塞がっていて作業に支障がなさそうなら，自社指定のカットバンに付け替えて，応じた作業に配置させます．

第4章　生産工程のリスクと管理

　本章では，実際の製造工程の一般衛生管理事項に加えて品質保証事項について説明していきます．

　食品事業者が食品衛生管理において，どうしても何とかしたい事項は「カビ発生や食中毒などの微生物問題」であり，「異物による身体的危害」ではないでしょうか．「微生物問題」であれば，『微生物が繁殖・変質・腐敗しやすい"ウェット職場"』なのか『微生物が繁殖しにくい"ドライ職場"』なのか，また，対象製品の含有水分が高いのか低いのかで防御管理体制づくりが全く異なります．

　また，異物除去を考えるとき頭の痛いのが，"製品"から"製品粒径以下の異物"を，フィルターやメッシュなどでは除去できない点です．

　従業員が50名以上で「HACCPに基づく衛生管理」を実施する必要のある事業者は，まず「生産ラインの『危害要因分析』」を実施し，一般衛生管理とCCP管理が有効に効果を発揮するよう「衛生管理計画」を組み立てる必要があります．

　従業員が50名未満で「HACCPの考え方を取り入れた衛生管理」を選択した事業者は，厚生労働省ホームページで公表している手引書を参考に取り組むことがよいでしょう．本書は一般衛生管理を主としますので，自社に必要な項目と管理レベルを選択しながらご活用をいただけたらと思います．

4.1　一般的な生産工程のリスクと管理

4.1.1　生産環境管理のリスク対策

（1）　清掃・洗浄・消毒の年間計画と手順

　施設の衛生管理及び，食品または添加物の取扱い等につき「衛生管理計画」を作成し，必要に応じて手順書を作成し，記録・保存することが，食品衛生法により求められています（前章，図表3-2）.

　監査では，施設，設備，道具などの清掃・洗浄・消毒の年間計画と，手順書の内容や頻度が適切なのかを確認します. 生産品種の特徴や，設備の構造・材質，などにより異なりますが，年，月単位，毎日，時間単位や分単位に分けた「清掃・消毒計画書」と，清掃・消毒の対象と方法を決めた，手順書と実施記録があると「事業所内でも作業者への説明」が容易になり，監査員も確認しやすくなります.

（2）　適切な生産施設，設備，器具の設置

　食品衛生法では，食品の製造に必要な「照度」「洗浄用の設備と用役（温水，蒸気）」「包装設備」「保管設備」「計量設備」の設置を求めています（**図表 4-1**）.

図表 4-1　食品製造施設の構造・設備

食品衛生法施行規則第六十六条の七　別表第十九　3施設の構造及び設備
ホ　照明設備は，作業，検査及び清掃等を十分にすることのできるよう必要な照度を確保できる機能を備えること.
ヨ　製品を包装する営業にあっては，**製品を衛生的に容器包装に入れることができる場所を有すること**.
レ　食品等を洗浄するため，**必要に応じて熱湯，蒸気等を供給できる使用目的に応じた大きさ及び数の洗浄設備を有する**こと.
ソ　添加物を使用する施設にあっては，それを専用で保管することができる設備または場所及び計量器を備えること.

　また，使用する機械器具について，その構造や保管方法を定め，計測機器，清掃のための道具の設置を求めています（**図表 4-2**）.

第4章　生産工程のリスクと管理

図表 4-2　食品製造で使用する機械器具とその管理

食品衛生法施行規則第六十六条の七　別表第十九　4機械器具

イ　食品または添加物の製造または食品の調理をする作業場の**機械器具，容器その
他の設備**（以下この別表において「機械器具等」という.）は，**適正に洗浄,
保守及び点検をすることのできる構造である**こと.

ロ　作業に応じた機械器具等及び容器を備えること.

ハ　食品または添加物に直接触れる機械器具等は，**耐水性材料で作られ，洗浄が容
易であり，熱湯，蒸気または殺菌剤で消毒が可能なもの**であること.

ニ　固定し，または移動しがたい機械器具等は，**作業に便利であり，かつ，清掃及
び洗浄をしやすい位置に有する**こと.組立式の機械器具等にあっては，分解及
び清掃しやすい構造であり，**必要に応じて洗浄及び消毒が可能な構造である**こ
と.

ホ　食品または添加物を運搬する場合にあっては，**汚染を防止できる専用の容器を
使用する**こと.

ヘ　冷蔵，冷凍，殺菌，加熱等の設備には，**温度計を備え，必要に応じて圧力計,
流量計その他の計量器を備える**こと.

ト　作業場を清掃等するための専用の用具を必要数備え，その保管場所及び従事者
が作業を理解しやすくするために**作業内容を掲示するための設備を有する**こ
と.

（3）　機械器具，容器などの清掃・消毒

　さらに食品衛生法では，機械器具の洗浄，手洗い設備の設置と仕様を
決めています．（**図表 4-3** 参照）．2021 年 6 月本格施行の改正食品衛生
法で，水道の栓はハンドル式でなく「手指を使わずに腕や肘で操作でき
るレバータイプまたはセンサー式」に変えることが求められましたが，
これは図表 4-3 チに相当します．

　容器器具の洗浄に関して，特にウェットな職場では，生産中でもナイ
フや容器を小まめに洗浄し，消毒することが重要です．合わせて，ふき
ん，包丁，まな板，保護防具等は，熱湯，蒸気，殺菌剤等で消毒し，乾
燥させる必要があります．

　海外のある食品工場では，ライン管理責任者が 20 分ごとにホイッス
ルを吹くと一斉に生産を止めます．そして，作業台を洗浄・消毒し，道
具，容器などを清掃・消毒済みのものに替え，帽子の被り方をチェック
し，手を洗浄・消毒します．再度ホイッスルで作業を再開していまし

4.1 一般的な生産工程のリスクと管理　**123**

図表 4-3　機械設備の洗浄　手洗い設備

食品衛生法施行規則第六十六条の二　別表第十七　3 設備等の衛生管理
- **イ**　衛生保持のため，機械器具は，その目的に応じて適切に使用すること．
- **ロ**　**機械器具及びその部品は，金属片，異物または化学物質等の食品または添加物への混入を防止するため，洗浄及び消毒を行い**，所定の場所に**衛生的に保管すること．また，故障または破損があるときは，速やかに補修し，適切に使用できるよう整備しておくこと．**
- **ハ**　機械器具及びその部品の洗浄に洗剤を使用する場合は，洗剤を適切な方法により使用すること．
- **ホ**　**器具，清掃用機材及び保護具等食品または添加物と接触するおそれのあるもの**は，汚染または作業終了の都度熱湯，蒸気または**消毒剤等で消毒**し，**乾燥させること．**
- **ト**　施設設備の清掃用機材は，目的に応じて適切に使用するとともに，**使用の都度洗浄し，乾燥させ，所定の場所に保管すること．**
- **ヌ**　都道府県等の確認を受けて**手洗設備及び洗浄設備を兼用する場合にあっては，汚染の都度洗浄を行うこと．**

食品衛生法施行規則第六十六条の七　別表第十九　3 施設の構造及び設備
- **チ**　**従業者の手指を洗浄消毒する装置を備えた流水式手洗い設備を必要な個数有すること．**なお，水栓は洗浄後の手指の再汚染が防止できる構造であること．

た．もちろん，清掃・洗浄・消毒方法と頻度は製品や生産現場のリスクに応じて決めればよいことで，20 分ごとの清掃・洗浄・消毒を推奨しているわけではありません．アドバイスに対して「そこまでやっていられない」とはよく聞く言葉ですが，これくらいやっている事業所もあるという例であり，自事業所に応じた手順化をしておくことが重要です．したがって公衆衛生上必要な措置を適切に行うための手順書を，必要に応じて作成し，記録・保管し，検証・見直しすることを求められています（前章，図表 3-2 参照）．「必要に応じて」を大切に判断してください．その判断根拠は科学的に，取引先や認証機関の監査者が納得いくようにすることが重要です．

(4)　空調機，集塵機のフィルター洗浄・消毒

空調機のフィルターは，生産現場ごとの汚れ具合から頻度を設定して洗浄・消毒します．集塵機は清掃を怠ると，虫の発生源になるおそれが

あります．清掃の記録は必須です．

(5) ふき取り検査の実施

「清掃・洗浄・消毒方法と頻度」が適切かを確認するため，目視だけではなく，「清掃・洗浄・消毒」の効果を検査します．作業頻度や検証・見直しの頻度を工夫して作業負担減を考慮することも必要でしょう．

清掃・消毒した効果確認方法と頻度は職場のリスクに応じて決め，手順化し，記録を残します．例えば，施設，設備，道具，容器，作業者の手指について定期的にふき取り検査をします．サニタリー配管では，配管の内側やパッキンのふき取り，CIP（Cleaning In Place：定置洗浄―生産設備を分解せずに洗浄，消毒すること）や熱湯消毒した配管では，洗浄効果確認のためすすぎ水の検査などをします．

清潔区では落下菌の検査を定期的に実施します．これは作業環境の清潔度を評価し，清潔度のモニタリングに有効です．空調の風が当たる箇所，人の動きが激しい箇所，埃をかぶった箇所などで微生物数に差が出ます．モニタリングをする場所は，頻度，検査する時間帯を決め，基準を明確にし，手順書を作成し，実施した記録を残します．基準値を超え

図表 4-4　落下細菌・落下真菌の基準値

食品種	汚染作業区域	非汚染作業区域		
		準清潔区域	清潔区域	
	落下細菌数	落下細菌数	落下細菌数	落下真菌数
弁当及びそうざい	100 以下	50 以下	30 以下	10 以下
漬物（pH4.5 以上の製品）	－	100 以下	50 以下	10 以下
洋生菓子	100 以下	50 以下	30 以下	10 以下
セントラルキッチン / カミサリー・システム	100 以下	50 以下	30 以下	10 以下
生めん類	100 以下	50 以下	30 以下	10 以下

出典：厚生労働省 HP　各食品の「衛生規範」（2018 年廃止）

4.1 一般的な生産工程のリスクと管理　**125**

た場合の対応も決めておきます.

　各食品の「衛生規範」によれば落下細菌数,落下真菌（カビ,酵母）数は,**図表4-4**の基準内であることが望ましいとされています.なお,2018年6月公布の改正食品衛生法では個別食品の「衛生規範」が廃止されましたが,微生物基準については,自治体が衛生指導基準に取り入れたり,指導に継続使用している実態がある上に,さまざまな業界で,すでにデファクトスタンダードとして定着していることが多いことから,この基準値で管理することをお勧めします.

(6)　倉庫内や生産棟内の巡視

　経営者や管理責任者は敷地内,倉庫内や生産棟内を巡視してください.できるだけ毎日巡視して,異常やおかしな点を見つけたら指導,注意,アドバイスをしてください.手順通りに清掃されていれば作業現場はきれいなはずです.何か不具合や問題があれば,計画や手順の見直しが必要です.

　あるとき,作業者の足元に粉末原料がこぼれていました.指摘をしたところ,「作業終了時に掃除します」とのことでしたが,「後で清掃するからいいや」的発想ではいけません.なぜなら,粉を踏んだその足で歩き回るので,汚れを拡散させています.まずはこぼれないような工夫・改善をして,不必要にラインやその周辺を汚さないことです.次に,汚れてしまったら,その汚れを拡散させないよう,すぐに清掃することが大切です.

　経営者や管理責任者は作業現場を巡視する場合,毎回テーマを決めて巡視すべきです.漫然と巡視していても問題点は見つかりません.また,普段と違う場所や観点から見ることも必要です.例えば,もし見学者用通路があるならば,たまにはそこから作業現場を見てください.いつもとは違う光景に気づくはずです.ある委託包装事業社の作業現場の例ですが,見学者用窓から見えたのは,ただ雑然と置かれた「包装材料の段ボール」や「外装品用段ボール」,そして「塗装があちこち剥がれ

た設備」でした．またはある食品事業社では，見学者通路の窓から作業現場を覗いたら，いつもは「下から見上げていた配管」の上には埃が見え，工事業者の足跡が残っていました．

4.1.2　工程検査・抜き取り検査

　HACCPでは，原則「モニタリングをしている工程中では物理化学的検査をするので，合格品のみが後工程に送られ，最終工程を通過した段階ですべてが合格品」です．

　一般的に「HACCPに基づく衛生管理」では，CCP工程を除けば，モニタリングをしていない場合，「『前の検査結果合格から今回の検査結果合格までの間の製品』は，工程で異常が起きないので全て合格品」とは必ずしもなりません．

（1）　生産現場の工程検査

　生産現場では選別や金属検出機，製品重量などの工程検査を行います．工程検査には手順書と，検査結果の記録が必要です．

　例えば，手順としては，「金属検出機操作手順」「○○裸品選別手順」「○○裸品選別基準や限界見本」などの文書類，記録としては「金属検出機操作記録」「○○裸品選別日誌」などの記録類の整備が必要です．

　さて，「金属検出機工程」はCCP工程としているのが普通です．本書ではHACCP管理については扱いませんので，「金属検出機工程」については一般衛生管理と共通する部分を主に進めます．

　工程検査は，実施時刻と頻度をできるだけ守らなければなりません．また，生産現場の各所に設置してある時計の時刻を合わせておくことも重要です．なぜなら，異常が発見され，遡って不合格品を排除する際，排除範囲にズレが生じるおそれがあるからです（次項（2）品質管理部署の抜き取り検査 参照）．何らかの理由で指定時刻に検査ができなかった場合，日誌に予め検査時刻を記載してあれば検査事項の訂正が必要になります．

作業者が工程検査時に異常を発見した場合は，管理責任者にすぐ報告するよう指導徹底し，管理責任者はすぐに対応を判断しなければなりません．判断できない事態の場合，管理責任者は上職者に報告し，その指示に従います．また作業者には，対応した内容を日誌のコメント欄に記録するよう指示します．記録は，ただ「管理責任者に報告した」と記録しただけではいけません．その報告内容もきちんと記録するようにします．

(2)　品質管理部署の抜き取り検査

品質管理部署は定められた頻度で抜き取り検査を行いますが，抜き取り検査には手順書と検査結果の記録が必要です．

手順書としては，「出荷検査手順」「微生物検査」「製品重量検査」「官能検査」「賞味期限印字チェック」，記録としては「○○品質検査記録」などの整備が必要です．

ある抜き取り検査は30分ごとでしたが，忙しかったので15：00の検査実施が15：20になってしまいました．この検査では「不合格だった」ので，報告を受けた責任者は「14：30の検査が合格品であることを確認して，以降から15：20までのすべてを不合格」と判断せざるを得ませんでした．時計の時刻のズレと，検査実施時刻のズレは不合格品排除に影響します（後工程にも影響のおそれがあります）ので注意が必要です．

4.1.3　機器の校正

「使用している測定機器が正しく測定できているか」を確認する作業が校正です．使用している測定機器の測定値と標準機の測定値を比較し，差異を確認します．「合格か，合格範囲逸脱であるか」を判断し，逸脱であれば，調整・修理を行います（**図表 4-5**）．

ISO9001 では，「定められた間隔」または「使用前」に，国際または国家計量標準にトレーサブルな計量標準に照らして校正若しくは検証，

128　　　　　第4章　生産工程のリスクと管理

図表4-5　計測器等の点検・記録

食品衛生法施行規則第六十六条の二　別表第十七　3設備等の衛生管理
二 温度計，圧力計，流量計等の計器類及び滅菌，殺菌，除菌または浄水に用いる
　　装置にあっては，その機能を定期的に点検し，点検の結果を記録すること．

またはその両方を行う[1]よう求めています．

　　1)　ISO9001:2008要求事項の解説　日本規格協会，飯塚悦功他著

(1)　校正機器リストの作成

　機器の校正については漏れのないように，まず校正しなければならない機器のリストを作ります．例えば，"工程中の品温，殺菌・冷却，冷蔵庫・冷凍庫などの温度計" "重量で内容量表示を行っている製品に使用する特定計量器" "蒸気釜や配管などの圧力計" や "流量計"，"品質管理部署の測定器" などをリストアップし，用途，使用場所，校正方法，校正頻度（有効期間），校正業者名などを整理します．

　リストを作るにあたっての注意点として，以下の2点があります．

①　対象機器の範囲

　どの「はかり」を校正機器と定めようとしたとき，実は工場内にはたくさんの計量秤があります．全部校正するとなるとその負担は大変です．重要度でランク付けをして適正な管理を行います．例えば，Aランクの計量秤は "仕込み原料の計量" や "重量で内容量表示を行っている製品に使用する「特定計量器」"，Bランクは "仕掛品や再生品などの計量器"，Cランクは "廃棄品の計量器" と分けると，Aランクの秤は "1回/2年公定検査"，Bランクは "標準分銅で自主検査"，Cランクは "校正不要" となり，金銭的にも作業負荷的にも管理を軽減できます．

　温度計も工場内にはたくさんあります．例えば，仕込み工程や焙焼工程など，また品質管理室の菌培養器の温度計は校正が必要です．

　冷蔵，加温または殺菌の温度にかかわる計器類は，常に適正に管理する必要があり高いランクで管理をすべきです．

② ガラス製品の温度計を生産現場では使わない

各所の温度計と「標準温度計」との比較精度確認は，品質管理室など生産現場以外で行ってください．「標準温度計」は，第三者機関による校正が必要です．ガラス製で水銀を使っている「標準温度計」は，絶対に生産現場に持ち込んではいけません．うっかり落として破損すると，大変なことになってしまいます．

(2) 校正の実施記録

測定機器の校正については実施を記録し，校正証明書は保管します．

(3) 計測機器は落下・破損しないよう管理する

測定機器は日常点検し，いつでも「すぐに使用できるよう整備してある」ことが必要です．生産現場で使用しているデジタル温度計や糖度計，ノギスなどの計測機器類を，設備の横やテーブルの上に無造作に置いているのをよく見かけますが，床に落として破損，あるいは設備内に落下・破壊すると異物混入となる場合があります．万一，計測機器が破損してしまったら，今日やるべき検査ができなくなり，生産に大きな支障をきたしてしまいます．計測機器を転がり落とさないため，テーブルの上に専用容器を置き，そこに収納するべきです．

"故障，破損等があったときは，速やかに修理し，修理等の結果を可能な限り記録する"ことが求められます．蛇足ながら，"校正機器として扱わない測定器"であったとしても大切に扱う必要があります．

4.1.4　量目管理のリスク対策

取引に使われる「はかり」などの計量機は公的機関の検査で合格した対象機器（以降，特定計量器[2]という）でなくてはなりません（**図表4-6**）．

計量法で，取引や証明に使われている「はかり」については2年に1回，公的機関（県計量検定所等）の検査を受けることが義務付けられて

図表 4-6　取引証明計量

計量法　第十条
物象の状態の量について，法定計量単位により取引または証明における計量をする者は，**正確にその物象の状態の量の計量をする**ように努めなければならない．

います．

2)　計量制度見直し説明会＜政省令改正にともなう自動はかりの検定実施＞（平成 30 年 2 月版）：経済産業省

(1)　ウエイトチェッカーが特定計量器に追加

　計量制度の改正により自動はかりの内の 1 つである自動重量選別機（以後，「ウエイトチェッカー」という）が特定計量器に追加されました．ウエイトチェッカーは「自動捕捉式はかり」に分類され，「取引または証明」に使用している場合は，原則として指定検定機関による検定が必要となりました．ただし，仕掛品，中間製品，半製品の計量などの自社工程管理を目的にする場合については，「取引または証明」には該当しません．

　なお，指定検定機関の指定区分には「自動捕捉式はかり」を含めて「ホッパースケール」，「充塡用自動はかり」，「コンベヤスケール」の 4 器種が追加されました[2)]．

(2)　重量選別機の注意点

　以上のことから，適切な量目を保証するには，「ウエイトチェッカー操作手順」「ウエイトチェッカー機能チェック手順」「ウエイトチェッカー操作記録」が必要となります．また，テストピースなどの外装品についても同様のチェックが必要です．以下に注意点を列挙します．

①　テストピースを計量

　計量値が法規で定められた量目公差（図表示量からの不足の許容誤差）の範囲内であることを確認するために，テストピースは「軽量（図表示量から不足）」「正量」「過量（図表示量に対し過多）」の 3 種類を準備しま

4.1 一般的な生産工程のリスクと管理　　**131**

す（**図表 4-7**）．

図表 4-7　誤差と公差

計量法
第十一条
　長さ，質量または体積の**計量をして販売するのに適する商品の販売の事業を行う者は，その長さ，質量または体積を法定計量単位により示してその商品を販売するように努めなければならない**．
第十二条
　政令で定める商品（以下「特定商品」という．）の販売の事業を行う者は，特定商品をその特定物象量（特定商品ごとに政令で定める物象の状態の量をいう．以下同じ．）を**法定計量単位により示して販売するときは，政令で定める誤差（以下「量目公差」という．）を超えないように**，その特定物象量の計量をしなければならない．
第十三条
　政令で定める**特定商品の販売の事業を行う者は，その特定商品をその特定物象量に関し密封**（商品を容器に入れ，または包装して，その容器若しくは包装またはこれらに付した封紙を破棄しなければ，当該物象の状態の量を増加し，または減少することができないようにすることをいう．以下同じ．）**をするときは，量目公差を超えないようにその特定物象量の計量をして，その容器または包装に経済産業省令で定めるところによりこれを表記しなければならない**．

「製品の正量内容物＋包装＝正量テストピース」で作ります．使う材料によっては吸湿・乾燥でテストピース重量が変化することがあるので，作業開始前に「特定計量器」で，「軽量」「正量」「過量」のテストピースを計量し，それぞれが所定の重量であることを確認します．次に，ウエイトチェッカーにテストピースを流し，「正量」は通過し，「軽量」と「過量」が検出・排徐されることを確認します．

②　製品の最小単位で計量

製品の計量をする場合は，お客様が購入する製品の最小単位で計量を行います．例えば「10 粒入りのキャラメル」なら，1 粒ずつを計量するのではなく，お店でお客様が購入される"10 粒入り 1 箱"で計量します．

③　検知機能と排徐機能

重量選別機の検知・排除機能チェックでは，軽量，過量両方のテスト

ピースが検知・排除され，所定の排除品容器に入ったところまで確認する必要があります．

ある作業者は，ウエイトチェッカーが検知するとすぐテストピースを横取り排出していましたが，軽・過量品の検知タイミング，排徐タイミングが適切か，軽・過量品テストピースがしっかり排徐品容器に排除されるかを確認してからテストピースを取り出すよう指導が必要です．

④　機能チェックの頻度

ウエイトチェッカーの検知・排除機能チェックは「作業開始時」「作業終了時」と，「生産中の定時」（例えば，2時間ごと）に実施すべきです．

昼休憩時にラインを停止するのであれば，「休憩前停止時」と「休憩後の再開時」にもチェックが必要です．

⑤　排徐品容器の識別化

排徐品については，誤使用，誤出荷するおそれがないように排徐品容器の識別と隔離をしっかり手順化する必要があります．排徐品容器に「排徐品容器」と表示するのはよいのですが，仮取り品に使用している容器と同じ色や形状の容器を使ってはいけません．どこのラインの作業員であっても全員が判別できるように，工場内共通の色・形の"排徐品専用容器"を準備すべきです．

⑥　テストピースの有無確認

「製品の包装材料を使用し，重量調整してテストピース」を作成すると，製品そっくりのテストピースとなり，製品に紛れて出荷してしまうことがあります．そのため，作業終了後にはテストピースの有無を確認し，「ウエイトチェッカー操作記録」に記録するようにします．

⑦　排除品を手直しした後は特定計量器で再計量するか，ウエイトチェッカー前で手直し品をラインに戻します．

(3)　量目公差を超えない計量

① 特定商品一覧表

量目公差は「量目公差表」で確認します．特定商品の販売に係る計量

４.１　一般的な生産工程のリスクと管理　　**133**

図表 **4-8**　特定商品一覧表（一部）

a 特定商品	b 特定物象量	c 別表第二の表	d 上限
内容量を表記したときに，表記量と実際量の誤差を一定範囲にすることが義務付けられる商品（計量法 12 条）	特定 物象量	公差	左記商品について量目公差の義務が係る内容量の上限
1　精米及び精麦	質量	表（1）	25kg
2　豆類（未成熟の豆類を含む）及びあん，煮豆その他の豆類の加工品 　　(1) 加工していないもの	質量	表（1）	10 kg
(2) 加工品	質量	表（1）	5 kg
3　米粉、小麦粉その他の粉類	質量	表（1）	10kg
4　でん粉	質量	表（1）	5kg
5　野菜（未成熟の豆類を含む.）及びその加工品（漬物以外の塩蔵野菜を除く）			
(1) 生鮮のもの及び冷蔵したもの	質量	表（2）	10 kg
(2) 缶詰及び瓶詰、トマト加工品 　　　並びに野菜ジュース	質量 又は体積	表（1） 又は 表（3）	5 kg 又は 5 L
(3) 漬物（缶詰及び瓶詰を除く.）及び冷凍食品（加工した野菜を凍結させ，容器に入れ，又は包装したものに限る.）	質量	表（2）	5 kg 又は 5 L
(4) (2) 又は (3) に掲げるもの以外の加工品	質量	表（1）	5 kg

経済産業省 HP：「計量法における商品量目制度の概要」の特定商品一覧より

に関する政令に，特定商品一覧表（**図表 4-8**）があるので，製品に適切な公差表を選択し，その量目公差表に準じます．

② 量目公差表の選択

　例えば，「精米」の量目公差を知りたいときは，特定商品一覧（図表 4-8 の a 欄で「精米」を見ると，b 欄で内容量は「質量」で表示しなければならないことがわかります．公差については，c 欄で指定している表（1）（**図表 4-9**）に準じることになります．精米の，量目公差の規制がかかる量の上限は 25 kg までですが，それを超える内容量の場合は 1%が誤差の目安となります．

また,「野菜ジュースの缶詰」であれば,同じようにa欄で「缶詰及び瓶詰」を探し,内容量を「質量」で表示する場合はb欄で質量を選択し,横にそのままずらしたc欄で指定している表（1）（図表4-9）に準じます.

内容量を「体積」で表示する場合は,c欄で指定している表（3）（図表4-9）に準じます.表示を質量にするか体積にするかは,事業者が選択します.「缶詰及び瓶ではない漬物」の場合は質量で表示し,表（2）

図表 4-9 量目公差表

表（1）

表　示　量	誤　差
5g 以上 50g 以下	4 %
50g を超え 100g 以下	2 g
100g を超え 500g 以下	2 %
500g を超え 1kg 以下	10 g
1kg を超え 25kg 以下	1 %

表（2）

表　示　量	誤　差
5g 以上 50g 以下	6 %
50g を超え 100g 以下	3 g
100g を超え 500g 以下	3 %
500g を超え 1.5kg 以下	15 g
1.5kg を超え 10kg 以下	1 %

表（3）

表　示　量	誤　差
5mL 以上 50mL 以下	4 %
50mL を超え 100mL 以下	2 mL
100mL を超え 500mL 以下	2 %
500mL を超え 1 L 以下	10 mL
1L を超え 25 L 以下	1 %

経済産業省 HP：「計量法における商品量目制度の概要」の量目公差表

（図表4-9）に準じます．

③　量目過多の場合

　内容量が表示量を超えている場合（図表示量＜内容量＝量目過多）に関する量目公差は定められていませんが，著しい量目の過多については，計量法第10条の趣旨に反するため，指導・勧告等の対象となり得るので，正確な計量に努める必要があります（**図表4-10**）．

④　「特定商品」以外の商品の量目公差

　特定商品以外の商品では量目公差は適用されませんが，計量法第10条に基づき，内容量が表示量よりも少ない場合（不足量）に関する誤差

図表4-10　特定商品及び特定商品以外の商品について

内容量が表示量を超えている場合（過量）にかかる誤差範囲の目安
表示量が質量又は体積の場合

表示量（単位は g 又は mL）	誤　差
5 以上 50 以下	5 g（mL）
50 を超え 300 以下	10%
300 を超え 1,000 以下	30 g（mL）
1,000 を超えるとき	3%

経済産業省 HP：「商品量目制度に関するよくある質問と答え」の「4.A 商品量目制度に関する質問／商品量目に関する質問」Q3A3 より

図表4-11

特定商品以外の商品であって，内容量が表示量よりも少ない場合（不足量）に関する誤差範囲の目安
表示量が質量又は体積の場合

表示量（単位は g 又は mL）	誤　差
5 以上 50 以下	8%
50 を超え 100 以下	4 g（mL）
100 を超え 500 以下	4%
500 を超え 1,000 以下	20 g（mL）
1,000 を超えるとき	2%

経済産業省 HP：「商品量目制度に関するよくある質問と答え」の「4.A 商品量目制度に関する質問／商品量目に関する質問」Q3A3 より

136　　　　第4章　生産工程のリスクと管理

範囲の基準については（**図表4-11**）を参照します．

(4)　「はかり」の日常点検

定期検査をした，検査有効期限内のはかり（電子秤等）を使う場合であっても，はかりの日常点検を手順化し，実施する必要があります．点検結果は，例えば「○○包装日誌」（「電子秤日常点検記録」を新たに作成してもよい）に記録していることが大切です．点検項目は次のようなことです．

- ・はかりは安定した台に置かれているか
- ・はかりの水平器は水平を指示しているか
- ・はかりは0点を正確に指示しているか
- ・毎日1回は清掃しているか

そして，毎日，使用前に計量皿の中心部に分銅を載せて，正確に重量を指示するか確認します．また，分銅を紛失しないように，置き場所を決めておきます．作業終了後には分銅の有無を確認し，「○○包装日誌」に記録します．

(5)　計量の注意点

計量に際しては，以下のことにも注意します．

① 冷凍食品の氷衣（グレーズ）[3]

冷凍食品の内容量は，氷衣（グレーズ）を除いた質量のことを指すので，内容量には含みません．

② 液汁を含んだ食品 [3]

離水のある商品の計量方法は，液汁も含んで食するものは液汁を内容量に含めて計量します．固形物のみを食するものは，内容総量から液汁を分離して計量します．また，食肉等から分離して出てきたドリップ（水分）は内容量に含めます．

③ 密封について [3]

計量法第13条に，「特定商品の販売の事業を行う者は，その特定商品

4.1 一般的な生産工程のリスクと管理 **137**

をその特定物象量に関し密封をするときは，量目公差を超えないように，その特定物象量を計量をし…」とあります．経産省 HP の Q&A でも紹介されています．

密封とは，「商品を容器に入れ，または包装して，その容器若しくは包装またはこれらに付した封紙を破棄しなければ，当該物象の状態の量を増加し，または減少することができないようにすること」です．

イ）容器または包装を破棄しなければ内容量の増減ができない場合とは，包装形態が以下のようなもの

a) 缶詰

b) 瓶詰（王冠，若しくはキャップが噛み込んでいるもの，または帯封のあるもの等）

c) スズ箔，合成樹脂，紙（クラフト紙，板紙を含む）製等の容器詰めであって，ヒートシール，のり付け，ミシン止めまたはアルミニウム製ワイヤで巻き閉めたもの等

d) 木箱詰め，または樽詰め（釘付け，のり付け，打ち込みまたはねじ込み蓋式のもの等）

e) いわゆるラップ包装（発泡スチロール製等の載せ皿をストレッチフィルム等で覆い，フィルム自体またはフィルムと皿とが融着しているもの，または包装する者が特別に作成したテープで止めているもの）

ロ）容器または包装に付した封紙を破棄しなければ内容量の増減が出来ない場合，容器または包装の材質または形状を問わず，第三者が意図的に内容量を増減するために，必ず破棄しなければならないように特別に作成されたテープ状のシール等が，詰め込みを行う者により，その容器または包装の開口部に施されているもの．

注1）紙袋，ビニール袋等の開口部を，紐，輪ゴム，こより，針金，セロハンテープ，ガムテープ等により封をした程度のもの，またはホッチキスで止めた程度のものは，上記の「特別に作成された

テープ状のシール等が施されたもの」には該当しません.

注2) いわゆるラップ包装のうちイ)‐e に該当しないものであっても,上記の特別に作成されたテープ状のシール等が施されていれば,"詰め込みを行う者によりその容器,または包装の開口部に施されているもの"に該当します.

3) 経済産業省 HP：「商品量目制度に関するよくある質問と答え」の「4.A 商品量目制度に関する質問／商品量目に関する質問」および「4.B 商品量目制度に関する質問／内容量表記に関する質問」より

④ 粒数や個数での内容量表記 4)

「ドーナツ」は,特定商品一覧の「菓子類の油菓子」に分類されるので,特定商品一覧の 12 菓子類の (2) 油菓子を見ると, (1個の質量が3g未満のものに限る.) との補足記載があります (**図表 4-12**). そのため,「一般的なドーナツ」は 1 個が 3 g 以上で対象商品とはならないため,「1 個, 2 個」と表示ができます. しかしながら, 1 個が 3 g 未満の「一口ドーナツの詰合せ」といった商品は特定商品の対象となるので, 商品の重量「20 g」や「20 g (2.5 g×8 個)」等と表示する必要があります.

尚,「20 g (2.5 g×8 個)」の様に示した場合, 内容総量「20 g」, 個々の内容量「2.5 g」の両方に対して量目公差が適用されます (3).

4) AUSSIE FOOS HP：株式会社オージーフーズの「食品表示の「内容量表示」とは. 計量法の規定とよくある例を解説」より

4.1 一般的な生産工程のリスクと管理 **139**

図表4-12 特定商品一覧（12 菓子類のみを抜粋）

内容量を表記したときに，表記量と実際の量の誤差を一定範囲にすることが義務づけられる商品（法第12条第1項の政令で定める特定商品（政令第1条特定商品）)	左記商品のうち，密封したときに表記義務の係るもの（法第13条第1項の政令で定める特定商品（政令第5条特定商品）)	特定物象量	公差	左記商品について量目公差の義務が係る内容量の上限
12　・菓子類	・菓子類のうち， (1) ビスケット類, 米菓及びキャンデー（ナッツ類，クリーム，チョコレート等をはさみ，入れ，又は付けたものを除くものとし，1個の質量が3g未満のものに限る.)	質量	表(1)	5kg
	(2) 油菓子 （1個の質量が3g未満のものに限る.)			
	(3) 水ようかん （くり，ナッツ類等を入れたものを除くものとし，缶入りのものに限る.)			
	(4) プリン及びゼリー （缶入りのものに限る.)			
	(5) チョコレート （ナッツ類，キャンデー等を入れ，若しくは付けたもの又は細工ものを除く.)			
	(6) スナック菓子 （ポップコーンを除く.)			

経済産業省HP：「計量法における商品量目制度の概要」の特定商品一覧より

4.2 生産工程の特定リスク対策（異物，微生物，アレルゲン）と管理

4.2.1 異物混入防止

異物について，食品衛生法には下記のように示されています．

図表4-13 異物混入

食品衛生法　第六条
　次に掲げる食品または添加物は，これを販売し（不特定または多数の者に授与する販売以外の場合を含む．以下同じ．），または販売の用に供するために，採取し，製造し，輸入し，加工し，使用し，調理し，貯蔵し，若しくは陳列してはならない．
　四　**不潔，異物の混入または添加その他の事由により，人の健康を損なうおそれがあるもの．**

異物混入防止の原則は，「異物を入れない」「異物になるものを持ちこまない」「異物を取り除く」です．

異物混入は硬質異物による身体的被害が取り沙汰されます．私も海外出張中，いただいたお菓子の異物混入で，一気に歯を2本もダメにしたことがあります．硬質異物でなくてもお客様にとっては「アルミ缶入りドリンクの中にゴキブリが入っていて，知らずに飲んで口中に流れ込んだその感触が，あまりに気持ち悪くて‥‥」と，どちらもかなりショックな出来事です．

ここでは気になっている主な異物管理について，特に留意すべき点を**図表4-14**に示しました．

4.2 生産工程の特定リスク対策（異物，微生物，アレルゲン）と管理 **141**

図表 4-14 異物とその管理例

分　類	具　体　例	対　策
持ち込み禁止のもの	刃を折る方式のカッター ホッチキス・クリップ 鉛筆・消しゴム 装飾品（指輪，ネックレス他） 業者の不要な工具・道具など	「『持ち込み禁止品リスト』で はなく，『持込み可能品リス ト』と「現場内の使用禁止 品リスト」で指導徹底する
作業で出てくるもの で，紛失に気づかな いおそれのあるもの 劣化脱落して，紛失 に気づかないおそれ のあるもの	輪ゴム，インシュロック他 乾燥剤，品質保持剤他 配線その他の固定具他 不良品の包装開封片など	原料内袋の結束物や品質保持 剤などは予め取り除いておく か，回収数管理をする． 固定具脱落時は金属検出器で 排除できるタイプにする．切 片は切り落とさない
作業中使用する物で 紛失したら気づかな ければならないもの	工具 道具（ヘラ，スコップなど） 文房具類	姿掛けや員数管理をする．余 分に置かない，持たない，
	はかりの日常点検用の分銅 金属検出器のテストピース 重量選別機のテストピースなど	作業終了時に「ある」ことを 確認し，記録する．紛失時の 対応手順が必要である
紛失しない工夫，後 片付けなどが必要な もの	ボルト・ナット・ワッシャー 工事後の配線片，切り子など	工事で外した小物は容器保 管，工事後は管理責任者が セットもれや金属片などがな いか確認する
破損防止すべきもの	照明器具 鏡，窓等のガラスなど	飛散防止をするか，カバーを 付ける．鏡では金属やプラス チックに交換する
破損管理すべきもの	落下混入防止カバー コンベア等のガイド	定期巡視や自主点検などで改 善の指摘をする
	粉砕機，包丁他の刃 掃除用具 プラスチック容器，道具 手袋・エプロン他など	使用前，使用後，定時チェッ クをするのが望ましい．破損 を発見した場合，対応手順と 記録を整備する必要がある
作業者からの混入を 防止すべきもの	頭髪，体毛，繊維	洗髪励行や正しい服装，粘着 ロールチェックと指導他
侵入・発生防止すべ きもの	昆虫，小動物	防鼠防虫対策を実施する

4.2.2　異物混入防止に用いる品質保証機器

　異物混入防止に用いる品質保証機器は，異物を"取り除く"工程なのですが，前提として"入れない管理"と"持ち込まない管理"が必要です．

　品質保証機器にはデストナー，金属検出機，X線異物検査機，マグネットトラップ，色差選別機，風力選別機，ストレーナー・フィルターなどがあります．ここでは硬質異物除去を中心に記述します．

（1）　金属検出機

　金属，ガラス，プラスチック，石，骨などの硬質物は，身体へ危害を与えるおそれがあります．そのため混入を防ぎ，万一混入した場合は，その異物や製品を除去する必要があります．通常，異物を除去するには，磁性を持つ異物であれば，金属検出機やマグネットトラップで検出・排除します．金属ではないガラス，プラスチック，石，骨などを排除する場合は，X線異物検出機を使用します．

　金属検出機やX線異物検出機が検出できる異物のサイズには限界があるので，食品事業者は取引先との間で，原料や製品の特性，設備，起こり得る危害を勘案して，除去する異物の最小サイズを基準化（製品規格書（仕様書）に記載）する必要があります．

　金属検出器を利用するにあたっては，「金属検出機操作手順」「金属検出機操作記録」などを整備します（4.1.2 工程検査・抜き取り検査（1）生産現場の工程検査 参照）．先述と重複する部分もありますが，以下に，巡視中に金属検出機操作で気になった点を記述します．

　①　検出機本体のスイッチは「ON」

　金属検出機は，コンベアと検出機本体のスイッチの両方を「ON」にしていないと役に立ちません．巡視中，金属検出機の機能を確認するためテストピースを流したところ，検出しなかったことがありました．調べたら，コンベアスイッチは「ON」でしたが，検出機自体のスイッチは「OFF」になっていました．驚いたことに，日誌の検出機能チェック

4.2 生産工程の特定リスク対策（異物，微生物，アレルゲン）と管理 **143**

欄には「✓」が記録されていました．作業者は「テストピースを検出するか否かには関係なく，テストピースを流すことが仕事」と考えていたので，日誌には「✓」を記録していたのです．

② 検出機能と排除機能

金属検出機の機能チェックでは"テストピースが検出・排除され，所定の排除容器に入った"ところまで確認するようにします．

③ 機能チェックの頻度

金属検出機の機能チェックは「作業開始時」「作業終了時」と，「生産中の定時」（例えば，重量選別機と同様に2時間ごと）に実施すべきです．昼休憩時にラインを停止するのであれば，「休憩前停止時」と「休憩後の再開時」にもチェックが必要です．

④ 排除品容器の識別化

排除品を誤使用，誤出荷するおそれがないよう，排除品容器の識別と隔離のために手順化する必要があります．排除品容器に「排除品容器」と表示するのはよいのですが，仮取り品に使用している容器と同じ色や形状の容器を使ってはいけません．どこのラインの作業員であっても全員が判別できるように，工場内共通の色・形の"排除品専用容器"を準備すべきです．

⑤ テストピースの有無の確認

金属検出機の機能をチェックするための，テストピースが紛失していたことがありました．作業終了後には必ずテストピースの有無を確認し，「金属検出機操作記録」に記録することが大切です．

⑥ トンネル内の検出感度

金属検出機のトンネル内の金属検出感度は一様ではありません．そのため，商品ごとに，最も感度が弱い位置でテストピースを検出・排出するよう設定する必要があります．

⑦ 排除方法

金属検出機が金属を検出したら自動排除されるのが望ましく，ブザーが鳴るだけでは，作業者が「この辺の製品で検出した」という感覚でそ

れと思われる製品を排除することになり，当該品を取り逃すおそれがあります．また，コンベアが止まるだけだと，作業者が「金属検出機が止まってしまった」と思い込んで，排除品を排除しないでスイッチを「ON」にしたという事例がありました．

⑧　排除装置の優先性

金属検出機，ウェイトチェッカーの両方を兼ねた排除装置があるという工程を見かけますが，同じ製品に計量不良と金属混入の両方があった場合は「金属排除品容器」に優先的に排除される必要があります．先に「軽過量品排除品容器」に排除されると，"金属が混入した軽・過量品"なのに重量手直しだけをして合格品としてしまうおそれがあります．

⑨　排除品の異物探し

「排除品の取り扱い」は，「金属検出機排出品の取り扱い」の教育・訓練を受けた品質管理部署担当者，ライン管理責任者，若しくは担当作業者が，金属検出機に流して混入品を探します．そして品質管理部署担当者あるいはライン管理責任者が混入品から金属異物を探し出し，異物の特定と混入原因を明らかにし，その対策をとります．

ある事業所では「製品を半分流し，排除したものをまた半分流す．これを繰り返して金属異物を探し出す」作業をしていました．半分ずつに分け，先に流した方に反応があったから，残りの一方は金属検出機に流さず「異物発見，終了」としました．これは危険です．金属異物が1個とは限らないので，残りの一方にも反応が出るかもしれません．

⑩　適切なサイズの金属検出機の使用

製品サイズに対して金属検出機のトンネルの断面積が大きいと，検出感度が低下します．そのため，製品と外装品で同じ金属検出機を使用することは，検出感度が悪くなるおそれがあるので，避けるべきです．

⑪　品温によって感度は変化

品温によって金属検出機器の感度は変化します．温度が上がると感度は低下します．例えば，冷凍（蔵）品では，冷凍（蔵）庫から取り出したばかりの製品で検出・排除されたものを後で再検査すると，最初に排

除した時とは検出感度が異なるおそれがあるので注意が必要です.

⑫ 塩分の影響

漬物, 味噌など塩分濃度の高いものに対しても, 感度が低下します.

(2) X線異物検査機

X線異物検査機は金属検出機とは原理が異なり, 製品と異物の密度差で異物を検出します. アルミ蒸着包材の製品に使用できます. 金属以外のガラス, プラスチック, 石, 骨など硬質異物も検出します. また, 水分や塩分の影響を受けません. 欠品検査もできます. 例えば, クッキーやチョコレートなどを詰めた製品の枚数検査や, 変形や割れ・欠けなどを検査できます. パンやクッキーなどの内部のクリーム抜けも検査できます.

また, マスキング機能(検査品の包装等にX線を吸収するものが使われている場合, その部分の信号を除外<マスキング>して異物を発見しやすくする)があるので, 特性に合わせたマスキングで検出感度を向上させることもできます. 検査機メーカーに相談するとよいでしょう.

X線異物検査機を設置する場合は, 「X線異物検査機操作手順」「X線異物検査機操作記録」の整備が必要です.

(3) マグネットトラップ

マグネットトラップに使われている永久磁石は, 高温にさらされると磁力が早く低下してしまいます. そのため定期的(例えば1回/年)に磁力検査を行う必要があります. 磁力が低下した場合, 交換する目安としての基準値を定めておくことが大切です.

また, 製品の抵抗や付着量が多くなると, せっかく取り除いた金属がマグネットから外れて, 再び製品に混入してしまうおそれがあります. そのため, マグネットトラップは着脱作業しやすい場所に設置し, 定時的に付着した金属をチェックし, その金属を除去することが必要です. マグネットトラップを設置したら, 「付着金属のチェックと付着金属除

去手順」「マグネットトラップ点検記録」を整備します．

4.2.3 作業着・人的異物管理

食品工場の従業員の服装等に関連する異物混入のおそれがあるものは，髪の毛，腋毛などの体毛，作業着や下着からのほつれ糸，毛玉，ボタン，装飾品，ポケットに入れた持ち込み品などです．特に注意すべきポイントを以下に示します．

(1) 作業着の交換頻度と洗濯作業服の交換頻度は，エリア区分（3.3.3 生産棟の維持・管理，(2) エリア管理（ゾーニング）参照）の衛生度や，汚れやすい職場かどうかなどで決めます．洗濯を自宅でするのか，工場内でするのか，外部業者に委託するのかにもよりますが，洗濯時の注意事項や洗濯のための回収・配布などのルールを決めておきます．

自宅で洗濯する場合は，毛髪，ゴミなどの付着だけでなく，家庭内でペットを飼っている場合は，洗濯後の作業着にペットの毛や羽毛が付着しないようにすることが必要です．

工場内に専用洗濯機と乾燥機を設置しているのであれば，乾燥時に熱風乾燥で殺菌が可能です．外部業者委託だと作業衣のリースやレンタルシステムを利用することができます．

(2) 作業着や帽子などの選択ポイント，作業着や帽子の選定にあたって留意すべき点を，**図表 4-15** に示します．

それ以外の注意点を，以下に示します．

- ・下着はTシャツなどボタンのないもので，Tシャツの裾はズボンの中に入れる．
- ・靴下はズボンの裾にストッパーが付いている場合は，靴下をストッパーの上にかぶせます．スニーカーソックスは丈が短く，脚の一部が露出することがあるので，体毛の落下混入防止のため禁止にするべきです．
- ・マスクは不織布製で，使い捨てとします．
- ・布製手袋はほつれが出るため，限定的な使用とします．特に，軍

4.2 生産工程の特定リスク対策（異物，微生物，アレルゲン）と管理 **147**

図表 4-15 作業着などに関連する異物

作業服 履き物	内 容	備 考
帽子	頭巾タイプ	頭髪の落下混入防止のため，インナーキャップをかぶり，インナーキャップを覆うように帽子をかぶる．裾は上着の襟の中に挿入する
上着	導電糸を縫いこんだ布地	作業服への毛髪やゴミの付着防止のため
	巻き縫い縫製	ほつれ目が出ないため
	長袖	体毛の落下混入防止のため
	袖口に絞り加工	体毛の落下混入防止のため
	袖内にストッパー付き	体毛の落下混入防止のため，ストッパー付きが望ましい．
	胴にインナーストッパー付き	体毛の落下混入防止のため，ストッパーはズボンの中に入れる
	ポケットなし	ゴミがたまりやすく，中身が飛び出るので，上着はポケット無しが望ましい．
	ボタンなし	脱落・混入の恐れのあり，エレメントがコイル状の樹脂でできている樹脂ファスナーとする．
ズボン	巻き縫い縫製	ほつれ目が出ない
	ウエストはゴム	衣服が設備の巻き込まれたときに危険なため，ベルトなどを使用しない方が望ましい
	裾に絞り加工	体毛の落下混入防止のため
	裾にストッパー付き	体毛の落下混入防止のため，ストッパー付きが望ましい．
	ポケットなし	ゴミがたまりやすく，中身が飛び出るため．必要な場合は，インナーポケットとし，中身の飛び出し防止対策をする．
	ボタンなし	脱落・混入の恐れあり，エレメントがコイル状の樹脂でできている樹脂ファスナーとする．
	作業靴または安全靴 など	靴底にゴミ等が付着しにくく，作業安全のため滑りにくいもの
靴	長靴	ウェットエリアで使用，ズボンの裾を靴の中に入れる

　手は汚染区のみの使用とするべきです．エリア区分と作業に適したタイプを選択し，異物が混入しないよう定期的に破損をチェックします．

・エプロン，腕カバー（アームカバー）は，異物混入しないよう定

148　　　　第4章　生産工程のリスクと管理

期的に破損をチェックします.
- 暑熱職場や冷寒職場では，作業服などの材質を変えることも考えます.
- ダウン，起毛素材やボタン，装飾の付いているものは異物混入防止上禁止です.
- 作業服，マスクを着用すると誰もが同じに見えるため，帽子，上着は職位やエリア区分，役割，新人などでデザインや地色を変えたり，線を入れると識別しやすくなります.

4.2.4　毛髪混入防止とリスク対策

　毛髪混入は，生産中に従業員の毛髪が混入したのか，お客様が調理中あるいは食べているときに混入したものなのか，判断がつきにくいことがあります. そのため毛髪混入のクレームは食品事業者にとって難しく，とても頭の痛い問題です. できるだけゼロに近づける努力を続けるしかありません.

　① シャンプーとブラッシング

　頭髪は毎日約80本抜けると言われます. 抜けて落ちずに頭に付いている毛髪や，抜けかかっている毛を予め除去しておくことは有効です. 従業員の方々には自宅でこまめに洗髪することと，出勤前に丁寧にブラッシングして抜け毛を除去し，抜け毛を工場内に持ち込まないことに協力してもらいます.

　② ヘアーネット・帽子を着用

　作業中に毛が抜け落ちるのを防止するため，帽子の下には必ずヘアーネットを着用します. そして，帽子の着用状態を鏡で点検し，頭髪のはみ出しがないことを確認します. はみ出した髪はしっかりヘアーネットの下に入れます.

　③ 粘着ローラーと粘着力

　エアシャワーが設置できない場合は，粘着ローラーで念入りに毛髪やゴミを除去する必要があります. 粘着ローラーの粘着紙を替える頻度

は，会社によって異なります．何回目で粘着力が低下するかを調査して，粘着力が無くなる前に交換するルールにしなければなりません．粘着ローラーかけを頭，肩，胸，背中，腰，ズボンなど万遍なく実施します．背中は，2人1組でローラーかけをするのもよいでしょう．

④　作業中も定時的に粘着

ローラーかけの作業中に帽子がずれたり，暑いとついつい帽子や頭を触ったりします．すると作業中に毛髪がはみ出て，毛が脱落します．そのため，作業中にも定時的な粘着ローラーかけが必要です．管理責任者やその代理の人が定時的に巡回して"粘着ローラーかけ"と"服装点検"についてチェックします．記録を付けていると，"粘着ローラーでとれる毛髪本数が特定の曜日に多い"とか"特定の時間帯で多くとれる""特定の人からよくとれる"などのことがわかります．ある曜日や時間帯に集中している場合は，朝礼などを活用して注意喚起します．特定の人に多い場合は，後でデータを示して改善を指導します．

⑤　エアシャワーは次のことに留意します．

・一度に何人が入れるかを掲示すること
・風力，風向と時間が適切であること
・エアシャワールーム内で自転し，両手を上げ下げして毛髪が吹き落とされやすくするよう指導すること
・フィルターの定期洗浄を実施すること

「エアシャワーは効果がない」という意見を聞くことがありますが，"ここから先は普段と違う衛生管理を必要とする，食品生産の空間である"という，意識を切り替えてもらう場所としての意味合いもあります．

⑥　床から毛髪混入？―未包装品の移動にはカバー掛け

床に落ちた毛髪は人の通過によって舞い上がり，50〜60 cm の高さにも達することがあります．そのため，ラックや台車などに積まれた空トレイや未包装品（放冷や供給待ちの品など）の移動の際にはカバーを掛ける必要があります．使用中のラックや台車では，少なくとも膝より低い

150　　　　第4章　生産工程のリスクと管理

位置には空トレイや未包装品を並べないようにすべきです.

　⑦　床も粘着ローラーかけ

　粘着ローラーで床面調査をすると,人が多く通る場所や床には毛髪がたくさん落ちています.そこで,施設の構造や材質に合った掃除方法を調査し,掃除用具についても十分な能力のあるものを選択します.モップ拭きでは毛髪やゴミは除去されず,ただ壁際に寄せているだけの場合もあります.また,吸引式の掃除機では吸引口から少し離れた位置では吸い込む力が弱くなったり,エア吹き掃除は毛髪やゴミをただ吹き散らすだけです.

　粘着ローラーかけによる床の毛髪落下状況を調査し,掃除の場所,方法と頻度,掃除用具などを工夫しましょう.

4.2.5　防鼠防虫対策

(1)　虫の混入

　万が一,製品に昆虫が混入していた場合,その社会的責任は生産事業者が負うことになります.P食品株式会社のソースやきそばでゴキブリ騒動がありました.大学生が「やきそばからゴキブリが出てきた」というメッセージと現物の画像をSNSに投稿したことから,会社側が知る

図表4-16　防虫・防鼠管理

食品衛生法施行規則第六十六条の二　別表第十七　5ねずみ及び昆虫対策

イ　施設及びその周囲は,維持管理を適切に行うことができる状態を維持し,**ねずみ及び昆虫の繁殖場所を排除するとともに,窓,ドア,吸排気口の網戸,トラップ及び排水溝の蓋等の設置により,ねずみ及び昆虫の施設内への侵入を防止する**こと.

ロ　**一年に二回以上,ねずみ及び昆虫の駆除作業を実施し,その実施記録を一年間保存する**こと.ただし,ねずみ及び昆虫の発生場所,生息場所及び侵入経路並びに被害の状況に関して,定期に,統一的に調査を実施し,当該調査の結果に基づき必要な措置を講ずる等により,その目的が達成できる方法であれば,当該施設の状況に応じた方法及び頻度で実施することができる.

ニ　ねずみ及び昆虫による汚染防止のため,原材料,製品及び包装資材等は容器に入れ,床及び壁から離して保存すること.一度開封したものについては,蓋付きの容器に入れる等の汚染防止対策を講じて保存すること.

前に世間が知ることになり，ネットで大騒ぎになってしまいました．そしてその9日後には，P食品は2品種の製品回収と，全商品の生産休止に追い込まれました．

また，同じ年にQ食品冷凍株式会社の冷凍パスタからゴキブリらしき虫の体の一部が見つかったとして，自主回収を公表，「同じ製造日の商品だけでなく，混入のおそれを否定できない商品約75万食」の製品回収となりました．

このような際には初動が重要であり，その対処の仕方によっては，その後の事業者および商品への信頼性に大きな影響を及ぼします．両社とも生産ロス，回収作業負担などの大きな損失を出してしまいました．

図表4-17 防虫防鼠の設備対応

食品衛生法施行規則第六十六条の七　別表第十九　3施設の構造及び設備
ル　必要に応じて，ねずみ，昆虫等の侵入を防ぐ設備及び侵入した際に駆除するための設備を有すること．

工場巡視で気になったことを以下に記述します．

(2)　敷地内の5S

工場の敷地内はネズミや鳥，昆虫が棲息しにくい環境にしておくことが大切です．

① 敷地内は舗装する

敷地内は舗装するのが望ましいです．先の項でも触れましたが，少なくとも，建物の周囲に犬走り（コンクリート帯）を設ける必要があります．また，敷地内の窪みに水溜まりができないよう補修することも大切です．

② 植物は小動物や昆虫の棲息の場となる

植物がよく茂る場所は小動物，昆虫の棲息の場となります．いろいろな虫の幼虫が植物を餌として生育し，昆虫は植物の葉や枝，落葉の間に潜って休息します．例えば，落ち葉の下にはハサミムシやダンゴムシ，

ゴミムシなどの虫がたくさんいます．昆虫は小動物の餌でもあり，小動物を集めてしまいます．

③ 生ゴミはハエを呼ぶ

廃棄物，特に生ゴミはハエ，ゴキブリなどを呼び寄せるうえ，それらの発生源となり，ネズミ，カラスなどの餌ともなります．そのため，生ゴミ容器は蓋付きとし，小まめに搬出・清掃することが大切です．

(3) 敷地内の緑地管理

工場敷地内の緑地帯も小動物や昆虫の格好の棲息場になるので，そこで繁殖して工場内に侵入し，製品に害を及ぼすおそれがあります．したがって，緑地帯はない方がよいのですが，「工場立地法」で「一定規模以上の製造工場」は敷地内に一定割合以上の緑地等の環境施設を設けることが義務付けられています．工場の近くや周囲に花壇や芝生を設けている工場もありますし，草だらけにしたままの増築スペースを保有している工場もあります．そこで，以下のようなことに留意します．

- ・樹木の選択については，昆虫があまり好まない種類の樹木にする
- ・花が咲く樹木は避ける
- ・樹木は定期的に剪定して，日当たりや風通しをよくする
- ・剪定した枝・葉や落ち葉は堆積させない
- ・花壇や空き地には花が咲く草本類は避け，定期的に除草する
- ・緑地帯と工場建屋の間には距離をおき，樹木の枝，芝などが成長して建物に直接触れないようにする

4.2.6 昆虫のモニタリングとリスク対策

モニタリングとは「監視すること」です．食品工場では昆虫の製品への混入を防ぐ必要があります．そのための防虫対策は「侵入させない，内部で発生させない，侵入あるいは内部発生した昆虫を駆除する」ことです．そのため，侵入経路や内部発生箇所を特定し，防除しなければなりません．そこで，まずは「どこに，どのような昆虫が何匹くらいいる

4.2 生産工程の特定リスク対策（異物，微生物，アレルゲン）と管理 **153**

のか」をできるだけ正確に把握するために，トラップを使ってモニタリングします．

（1） トラップの種類

トラップの種類は，次の3つのタイプがよく使われます．

① 粘着テープ式紫外線ライトトラップ

このタイプのトラップには，粘着テープ式と電撃式の2種類があります．昆虫は，紫外線の中でも特に300〜400 nmの波長に反応する種が多いことから，ランプの波長が360 nm付近となるよう設定されており，誘引した昆虫を粘着テープで捕獲するのが粘着テープ式トラップです．テープに付着した昆虫の数と種類が調査できます．

また，紫外線ランプの付いた電撃殺虫器は，誘引した昆虫を電気で殺虫します．しかし，虫体やその破片が飛散し，それが異物混入となるという二次的リスクが発生することも考えられるため，製造設備やラインの近くでは使用してはいけません．

② 床置き粘着トラップ

床置き粘着トラップは，ゴキブリやコオロギなどの歩行性昆虫やネズミを対象としており，建物の隅の床面に設置するだけの簡易なトラップです．昆虫を誘引する仕掛けがないものの電源不要なので，手軽に使えるトラップです．

③ フェロモントラップ

合成性フェロモン剤に誘引された対象害虫を，粘着板などで捕らえます．対象昆虫の性フェロモンや集合フェロモンを利用したトラップですから，対象種以外の昆虫には効果がありません．主に貯穀害虫（コクゾウムシ，シバンムシ類等）や乾燥食品害虫（ノシメマダラメイガ等）のモニタリングをするのに使用します．一般に，貯穀害虫や乾燥食品害虫は光に集まりにくく，粘着トラップでは発生量がわかりにくいため，フェロモントラップが最適です．予期せぬメイガの発生，混入で大きな損失を出してしまった例もあるので，穀類や乾燥食品を扱う工場でモニタリン

グをする場合は，粘着式ライトトラップとフェロモントラップを併用すべきでしょう．

（2）　トラップのマップ作成

　虫は人の出入り，物の搬出入や空気の流れとともに侵入してくるので，トラップはゾーンごとに設置することがポイントです．その際，原料，仕掛品，製品をトラップの近くに置いてはいけません．トラップに昆虫が寄って来たり，死んだ昆虫が落下，混入するおそれがあります．

　また施設の平面図に，トラップの種類別に設置箇所をプロット，ナンバリングして，トラップのマップを作成しておきます．

（3）　集計とその評価とリスク対策

　トラップ設置後は，定期的に"どこのどのトラップに，何という昆虫が何匹捕獲されたか"を調査し，表にまとめます．データを集計すると，「ここにはある種の昆虫が多く捕獲される」ことなどがわかり，侵入経路や内部発生場所，発生原因を特定することも可能になってきます．

　その後の対策としては，壁の穴や屋根と壁のすき間，破損している網戸など原因箇所を特定し，侵入経路をふさぎます．また，紛体原料の粉だまりなど，害虫の内部発生要因となる場所の清掃についても検討・実施します．

　次回のモニタリング，あるいは翌年のモニタリングで，捕獲状況の変化から「防虫対策は効果があったか」が確認できます．対策後もあまり変わらないようなら対策が不十分だったということなので，再度現場検証し，対策を検討・実施します．

　これらの防虫対策についても実施記録を残し，どのような箇所にどのような対策を行い，何が最も効果があったかを確認することが大切です．このようにモニタリングを継続することで精度が向上し，データの信頼性が増してくると，昆虫の侵入口や内部発生箇所特定の正確性が高

4.2 生産工程の特定リスク対策（異物，微生物，アレルゲン）と管理 **155**

まります．すると，防虫対策の効果が飛躍的に向上するようになり，防虫の年間計画を立てることで先手を打つことができます．

（4） モニタリングの外部委託は効果確認を

防鼠防虫管理を，専門業者に委託管理する事業所もあります．委託管理の場合に注意すべき点について触れておきます．

まず，防鼠防虫業者の担当窓口を社内に設置します．食品工場では，品質管理部に所属する部員が選ばれるようです．検査分析などの合間を縫って防鼠防虫業社対応をこなしていることが多く，大変だと思いますが，防虫管理業者に丸投げしてはいけません．

防鼠防虫管理には，広範な知識と豊富な経験が必要です．昆虫の種類が異なればその生態が異なり，使う薬剤や防除テクニックも異なります．業者に委託するのがベターかと思いますが，その委託内容と成果の評価のためにも，業者とどんどん意見交換をし，防鼠防虫についての知識を高めた方がよいと思います．

以前，こんなことがありました．委託業者から提出された過去3年分のモニタリング分析結果を見ていたら，毎年同じ時期に同じ昆虫が多数捕獲され，捕獲数の減少が見られません．そこで，モニタリング分析結果のコメント欄を確認したところ，毎年同じコメントで，「来月からは昆虫が増える季節になります．今年も気をつけましょう」とありました．

お金を払って防虫委託しているのですから，報告書をしっかり読んでどんどん質問し，自分の知識を高めつつ，しっかりと効果的な対策をとってもらうべきです．防鼠防虫業者の担当者との討議はかなり勉強になることも多いです．モニタリング結果で納得がいかなければ，別の対策案を要請するか，業者を変更します．委託業者には"モニタリングにおける捕獲種と数の目標値"の設定を明確にして委託業者管理することが大切です．

トラップにかかった昆虫以外に，生産現場で作業者が見つける昆虫も

いるはずです．「従業員の意識付け」のためにも，各部署から防虫委員を選出して防虫活動を行うと，全従業員の意識向上や知識の蓄積につながります．防鼠防虫業者のモニタリングレポートや指摘事項，対策と，自分たちの巡視結果での対策を検討・実施すると，より知識や経験が増えていきます．

(5) ネズミもモニタリング

ネズミについても，棲息状況や工場への侵入がないかモニタリングが必要です．ドブネズミ，クマネズミ，ハツカネズミは建物内に棲みつくためイエネズミと呼ばれ，ノネズミとは山林や農耕地や雑林などに棲息するアカネズミやヒメネズミなどを指し，ごく稀に建物内に侵入します．工場の立地条件でモニタリングも少し異なります．

工場外周や建物内部にトラップを設置して，モニタリングすべきです．殺鼠剤の使用は避けましょう．殺鼠剤を食べたネズミはどこで死ぬのかはわかりません．死んだネズミを放置しておくと，異臭の充満やニクバエなどが発生し，被害が拡大してしまいます．防鼠防虫業者が殺鼠剤を使う場合は，契約書に"ネズミの死骸の調査や回収"が盛り込まれているかを確認しておくべきです．

自社管理の場合，ラットサイン（足跡やかじった跡など，ネズミの形跡のあるところ）や営巣場所などを見逃してしまうと「問題なし」と判断してしまいます．ネズミに関しては専門家に委託する方が望ましいと思います．

4.2.7 微生物制御

微生物等に関連して，取り扱ってはいけない食品，添加物について食品衛生法には次のように示されています（**図表 4-18** 参照）．

4.2 生産工程の特定リスク対策（異物，微生物，アレルゲン）と管理 **157**

図表 4-18 微生物汚染

食品衛生法　第六条
　次に掲げる食品または添加物は，これを販売し（不特定または多数の者に授与する販売以外の場合を含む．以下同じ．），または販売の用に供するために，採取し，製造し，輸入し，加工し，使用し，調理し，貯蔵し，若しくは陳列してはならない．
一　**腐敗し，若しくは変敗したものまたは未熟であるもの．ただし，一般に人の健康を損なうおそれがなく飲食に適すると認められているものは，この限りでない．**
三　**病原微生物により汚染され，またはその疑いがあり，人の健康を損なうおそれがあるもの．**

（1）　微生物を制御する方法

　食品工場において微生物を制御する方法としては，遮断，除菌，静菌，殺菌があります．

遮断：計量済み品，仮取り品や放冷品などに蓋をする，ラックにビニールカバーをすることなどで微生物汚染を防止します．

除菌：原料や設備・器具などを洗浄して微生物を取り除く．また，微生物の栄養源を取り除きます．

静菌：微生物が増殖しない条件で加工し，あるいは保存する．例えば，塩蔵・糖蔵して Aw や pH をコントロールしたり，冷蔵・冷凍などを利用する．

殺菌：微生物を死滅させます．瓶詰・缶詰のように加熱殺菌や加圧加熱殺菌します．その他，薬剤や紫外線など加熱しない方法もあります．

　また，「食中毒防止の三原則」といわれるものがあり，細菌性食中毒予防の基本となるものです．

　　・食品に菌を付けない → 生産工程で菌を付けない

　　・食品中で菌を増やさない→ 生産工程中あるいは生産中の食品中で菌を増やさない

　　・食品中の菌を殺す → 生産工程を消毒する，あるいは食品を加

158　　　　　第4章　生産工程のリスクと管理

熱・冷却する

(2)　菌を付けない

　生産現場の微生物汚染を防ぐためには，まず，生産現場に微生物をできるだけ持ち込まないことです．微生物は，生原料に付着している土壌，小動物の糞，浮遊する埃など，至るところに存在しているため，細心の注意が必要です．

　よくプラスチックコンテナで入荷した生原料が，しばらく外や下屋に置かれているのを見かけますが，風とともに飛んできた埃によって汚染されます．そのまま生産現場に持ち込むのでしょうか．また，農産物は土壌の微生物によって汚染されているかもしれません．農産物は十分に洗浄して微生物を除去し，新鮮なうちに加工するようにします．

　逆に，空になったグラニュー糖のフレコンバッグが外に置かれているのを見かけたので，理由を聞くと「フレコンバッグがまとまった数にならないと業者が回収に来ない」との返事でした．そうであれば「グラニュー糖のメーカーではフレコンバッグ再使用時には洗浄・消毒しているか」「入荷したフレコンバッグをグラニュー糖の投入ホッパー上にぶら下げて大丈夫か」などの確認をすべきです．また，外に積まれたプラスチックパレットに載せたまま，工場内に運び込んでいることがありましたが，工場内専用のパレットに載せ替えて倉庫や生産棟内に運搬すべきです．

　食品は滞留することなくできるだけ早く倉庫に保管し，早い処理が重要であり，生産設備や道具，容器などは洗浄と消毒によって確実に微生物を除去しなければなりません．

(3)　菌を増やさない

　微生物が増えるのは栄養分，水分，温度の3つが揃ったときです．そのため，作業テーブル，容器や道具などを洗浄・消毒します．床・壁，生産設備や道具，容器などは洗浄・消毒後に乾燥させます．洗浄した大

小のステンレス容器を上向きに重ねて棚に収納しているのを見かけることがありますが，これでは乾燥しにくく，溜まった水に菌が繁殖します．乾燥庫に入れないのであれば逆さに置き，できるだけ早く水を切ることが大切です．

また，温度の点からは，冷蔵や冷凍利用があります．微生物の多くは10℃以下ではあまり増殖しませんが，5℃以下にしたほうが間違いありません．水分が高い状態でエージングをする必要のある工程では，品温をできるだけ早く下げることが重要です．

(4) 菌を殺す

生産工程では洗浄後，消毒している場合が多いと思います．殺菌方法は加熱・冷却や紫外線，消毒剤によるものなどいろいろあります．施設，設備，道具などの洗浄・消毒，加熱・冷却については，以下のことを明確にしておくべきです．

- 発生が予想される微生物は何か：例えば，殺菌したい微生物など
- 加熱，冷却条件を決定した根拠：加熱，冷却テスト結果を確認した記録など
- 温度や時間の管理手段は何か：確認手順と記録
- インキュベーション，打検，その他品質管理部署の検査結果で効果を確認する

手順通りに温度確認されていなかったり，記録の書き方が不適切であるなどの不備を見かけます．また生産工程の手順を変更する際には，洗浄・殺菌の手順も変わることもあるので，影響する作業の手順の更新も忘れないようにすることが重要です．

(5) 「どうせ後で殺菌するから」は禁物

後工程で殺菌工程があると「どうせ後で殺菌するから」ということで，前工程での「遮断」「除菌」「静菌」の意識や作業が甘くなっていると感じることがあります．

図4-19に示した「生残菌曲線の例とD値」を見てください．図表の縦軸は菌数，横軸は加熱時間で，D分加熱殺菌をすると菌数が1/10になります．つまり，菌数が10^6の食品をD分間加熱殺菌すると，菌数が10^5に減少します．商品の菌数の合格基準値が10^3以下である場合，殺菌工程規格に合格するにはD分×(6−2)回，つまり4D分間殺菌する必要があります．しかし，殺菌の前工程で汚染が生じて菌数が10^6から10^8に増えてしまうとD×(8−2)＝6D分間の殺菌が必要になります．初期菌数が少ないほど殺菌時間は短くて済み，製品へのダメージも少なくなります．ですから，殺菌工程前での遮断，除菌，静菌は的確に実施することが大切です．

ある果実缶詰工場でカット済み果実の選別を素手で行っていました．「手袋をしないのか」と指摘したところ「素手の菌検査では菌は出ないし，後で殺菌工程があるから」との返答がありました．選別作業の間，作業で果実以外のものもたくさん触っていますが，選別作業は果実で手

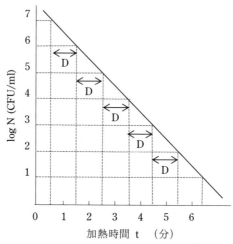

図表4-19　生残菌曲線の例とD値

D値とは一定温度において，微生物が1/10に減少するのに要する加熱時間（分，または秒）をいう．N＝菌数

出典：『現場必携 微生物殺菌実用データ集』株式会社サイエンスフォーラム 山本茂貴監修

4.2 生産工程の特定リスク対策（異物，微生物，アレルゲン）と管理 **161**

を洗っているようなものなので，菌は検出されにくいのかもしれません．しかし微生物は増殖時に毒素を産生するものもあり，「後で殺菌ｊするから」という意識を持ってはいけません．

4.2.8 特定原材料（アレルギー物質）のリスク対策

　アレルギーに関する情報は消費者庁のホームページをご覧ください．「食品表示基準について　消食表第 139 号　平成 27 年 3 月 30 日」の「別添　アレルゲンを含む食品に関する表示の基準」，及び「食品表示基準 Q&A について　消食表第 140 号　平成 27 年 3 月 30 日」の「別添アレルゲンを含む食品に関する表示」が参考になります．他にも，ネット検索すると様々な自治体，企業がガイド，パンフレットなどを掲載しており，いろいろな情報が得られます．

図表 4-20　食物アレルギー

食品表示基準 Q&A について　消食表第 140 号　平成 27 年 3 月 30 日　別添アレルゲンを含む食品に関する表示
A. 表示義務化の必要性　A－1
　食物の摂取により生体に障害を引き起こす反応のうち，**食物抗原に対する免疫学的反応によるものを食物アレルギー**（Food Allergy）と呼んでいます．‥‥この**アレルギーの原因となる抗原を特に「アレルゲン」**といいます．

C. 表示対象外・免除　C 2
　食物アレルギーは，人によっては舐める程度でアナフィラキシー症状が誘発されるなど，ごく微量のアレルギー物質によって発症することがあります．よってアレルギー物質を常に含む食品にあっては，原材料としての使用の意図の有無に**関わらず当該原材料を含む旨を表示する必要があります**．

（1）　特定原材料

　アレルギー物質は「特定原材料等」として，これを含む食品に関する表示について定められています．消費者が，"表示から，この食品に自分が反応するアレルギー物質を含むのか"を確認し，"購入するかどうか選択できる"ことが重要だからです．

162　　　　　　　第4章　生産工程のリスクと管理

図表4-21　食物アレルギー表示対象品目

表示規定	特定原材料等の名称
義　務	えび・かに・くるみ・小麦・そば・卵・乳・落花生（ピーナッツ）
奨　励	あわび，いか，いくら，オレンジ，カシューナッツ，キウイフルーツ，牛肉，ごま，さけ，さば，大豆，鶏肉，バナナ，豚肉，マカダミアナッツ，もも，やまいも，りんご，アーモンド，ゼラチン

消費者庁：食物アレルギー表示に関する情報「特定原材料等」

　内閣府令で定められている特定原材料8品目，特定原材料に準ずるもの20品目を整理すると，**表4-21**のとおりになります．

　「卵」や「乳」がアレルギー物質であることはよく知られています．しかし，「卵」や「乳」のどこまでが特定原材料なのか，という範囲についてはあまり気にしていない方が多いように思います．「アレルギー物質を含む食品に関する表示Q&A」には次のように記述されています．

- 「えび」とは，「くるまえび類（くるまえび，たいしょうえびなど）」「しばえび類」「さくらえび類」「てながえび類」「小えび類（ほっかいどうえび，てっぽうえび，ほっこくあかえびなど）」，その他のえび類，ならびに「いせえび類」「うちわえび類」「ざりがに類（ロブスターなど）」が対象です．「しゃこ類」「あみ類」「おきあみ類」等は対象外です．詳しくは日本標準商品分類を参照してください．

- 「かに」とは，「いばらがに類（たらばがに，はなさきがに，あぶらがに）」「くもがに類（ずわいがに，たかあしがに）」「わたりがに類（がざみ，いしがに，ひらつめがになど）」「くりがに類（けがに，くりがに）」，その他かに類が対象です．詳しくは日本標準商品分類を参照してください．

- 「くるみ」とは，主に海外産のチャンドラー種やハワード種など，国産のオニグルミ，カシグルミやヒメグルミなどが対象です．くるみオイル，くるみバター等もアレルゲンとなります．

- 「小麦」とは，「強力小麦粉」「準強力小麦粉」「薄力小麦粉」「デュ

4.2 生産工程の特定リスク対策（異物，微生物，アレルゲン）と管理 **163**

ラムセモリナ」「特殊小麦粉」などが対象範囲です．「大麦」「ラ
イ麦」などは対象外です．

- ・「そば」とは，麺の「そば」のみではなく，「そば粉」も含めるた
め，「そばボーロ」「そば饅頭」「そばもち」なども対象です．「そ
ば」は「こしょう」などの調味料に含まれることもあり，原材料
となる加工品についても細かく確認する必要があります．

- ・「卵」とは，「鶏卵」「あひる」「うずら」などの食用鳥卵が対象範
囲です．魚卵，は虫類，昆虫卵は含まれません．全卵だけでな
く，卵黄と卵白に分けられていたとしても，「卵」の表示が必要
です．

- ・「乳」とは，「牛の乳より調整，製造された食品」すべてが対象範
囲で，山羊乳，綿羊乳など，牛以外の乳は対象外です．乳，乳製
品，「乳または乳製品を主原料とする食品」，その他の乳等を（微
量であっても）原料として用いている食品も対象です．（「乳及び乳
製品の成分規格等に関する命令（昭和26厚生省令第52号）」を併せて参
照してください）．

- ・「落花生」とは，いわゆるピーナッツ（なんきんまめとも呼ばれる）
で，「ピーナッツオイル」「ピーナッツバター」なども対象です．

- ・「アーモンド」は，スイート種だけでなく，ビター種も対象とな
ります．アーモンドオイル，アーモンドミルク等もアレルゲンと
なります．

- ・「あわび」とは，あわびが対象で，「とこぶし」は対象外です．日
本標準商品分類における「あわび」をいい，国産品，輸入品にか
かわらず「あわび」として流通しているものすべてが対象です．
詳しくは日本標準商品分類を参照してください．

- ・「いか」とは，すべてのいか類が対象です．

- ・「いくら」とは，「いくら」と「すじこ」が対象です．

- ・「オレンジ」とは，「ネーブルオレンジ」「バレンシアオレンジ」
など，いわゆるオレンジ類が対象です．「温州みかん」「夏みか

ん」「はっさく」「グレープフルーツ」「レモン」などは対象外です.

- ・「牛肉」「豚肉」「鶏肉」とは,肉そのものと,内臓のうち特に耳,鼻,皮など真皮層を含む場合,動物脂(ラード,ヘット)は対象です.上記以外の内臓(ケーシング材を含む),皮(真皮を含まないものに限る),骨(肉がついていないものに限る)は対象外です.
- ・「ごま」とは,「白ごま」「黒ごま」「金ごま」が対象で,「ごま油」「練りごま」「すりゴマ」「切り胡麻」「ゴマペースト」などの加工品も対象です.「トウゴマ(唐胡麻)」「エゴマ(荏胡麻)」は対象外です.
- ・「さけ」とは,いわゆる一般に「さけ(しろざけ,べにざけ,ぎんざけ,ますのすけ,さくらます,からふとますなど)」として販売されるものが対象です.「にじます」「いわな」「やまめ」など(陸封性のもの)は対象外です.
- ・「大豆」とは,「未成熟なもの(えだまめ)」「発芽しているもの(大豆もやし)」は対象です.「大豆」には色々な品種があり,「黄色系統(みそ,しょうゆ,納豆,豆腐など)」「きな粉や緑色系統(青豆,菓子大豆と呼ばれるもの)」「黒系統(料理用の黒豆)」すべてが対象です.
- ・「マカダミアナッツ」はヤマモガシ科マカダミア属に属するもので,主に,インテグリフォリア種,テトラフィラ種及びそのハイブリッド種が対象となります.マカダミアナッツオイル,マカダミアナッツミルク等もアレルゲンとなります.
- ・「やまいも」とは,「やまのいも」と呼ばれる「ジネンジョ」「ながいも」「つくねいも」「やまといも」などが対象です.一般的に知られている「とろろ」は「やまのいも」をすりおろしたもので,これを使った料理に「山かけ」「とろろ汁」などがあります.詳しくは日本標準商品分類を参照してください.
- ・「ゼラチン」とは,ゼラチンの名称で流通している製品を原材料

4.2 生産工程の特定リスク対策（異物，微生物，アレルゲン）と管理 **165**

として用いている場合は対象です．

アレルギー物質が，保管や製造工程において混入しないよう措置が必要です．

また，特定原材料が意図せず混入（コンタミネーション）してしまう可能性がある場合の表示方法，添加物のアレルギー表示については，消費者庁通知「食品表示基準 Q&A について　消食表第 140 号　平成 27 年 3 月 30 日」の「別添　アレルゲンを含む食品に関する表示」で確認しておく必要があります．

図表 4-22　アレルギー物質表示

食品表示基準 Q&A について　消食表第 140 号　平成 27 年 3 月 30 日　別添アレルゲンを含む食品に関する表示（G-1，一部抜粋）

ある特定原材料等 A を用いて食品 B を製造した製造ライン（機械，器具等）で，次に特定原材料等 A を使用しない別の食品 C を製造する場合，製造ラインを洗浄したにもかかわらず，その特定原材料等 A が混入してしまう場合があります．（中略）**特定原材料等 A は食品 C に必ず含まれるということであれば，食品 C は特定原材料等 A を原材料として用いていると考えられますので表示が必要**です．

（2）　特定原材料の使用調査

特定原材料については，他のラインや商品からのラインコンタミネーションのおそれがないかを確認する必要があります．

監査の際，筆者は 28 品目すべてを読み上げて，それらの使用の有無，コンタミネーションの可能性について確認しています．製造現場の担当者では，「特定原材料」「特定原材料に準ずるもの」28 品目すべてについて，頭に入っていないことがあります．かつて，私が "このような原料を使っているはずがない" との思い込みから，危うく調査から「特定原材料に準ずるもの」が漏れるところだったこともあります．

その事例ですが，米菓製造業を営む事業所の監査で，「せんべいには『大豆』『えび』『ごま』が定番」と思っていたので，「こちらで対象とな

るアレルゲンは『大豆，えび，ごま』だけですね？」と尋ねたところ，「特殊な商品に『さば』も使うことがあります」との答えが返ってきました．それ以降は勝手に原材料を判断しないで，28品目すべてを読み上げて1つ1つ使用の有無を確認するようにしています．例えば，お菓子工場でもこちらで決めつけてしまわないように，「原料として使っている場合は『はい』で答えてください．……，いくら，あわび，……，ゼラチン，……」という具合です．

(3) コンタミネーションの防止

コンタミネーションについては，以下のようなことに留意してください．

① 原料段階のコンタミネーション

- ・一般原料と特定原材料は同じエリアに置かない
- ・特定原材料は表示して，決めた場所以外には置かない
- ・同じ棚に置かざるを得ない場合は，特定原材料を下段に置く
- ・計量時の容器，道具類は専用化する
- ・特定原材料が粉体の場合は，計量時に換気扇または集塵機を回す
- ・防虫のため，集塵ボックスは定期的に清掃する．
- ・空調機は一般原料計量室用と特定原材料室用は共用しない，共用せざるを得ないなら，空調機のフィルターをこまめに洗浄する

② 生産品種切り替え時のコンタミネーション

同じラインで別の製品を生産する場合は，切り替え手順書を作成して遵守する必要があります．

- ・可能な限り洗浄する．予め行った「ふき取りテスト」で「コンタミネーションがないことを確認できた洗浄方法」を手順とする
- ・品種切り替え後，容器や道具は十分に洗浄する．容器や道具は専用化するのが望ましい
- ・品種切り替え後，作業服や帽子などを交換する
- ・集塵機や空調機のフィルターを洗浄する
- ・定めた手順に則って製造ラインを洗浄し特定原材料等を含まない

4.2 生産工程の特定リスク対策（異物，微生物，アレルゲン）と管理 **167**

ものから製造する

・仕掛品は専用容器に入れ，誤使用のないよう表示をして保管する

③ ラインコンタミネーション

　・新製品を導入する際は，ラインコンタミネーションのおそれはな
　　いか，ラインコンタミネーションがある場合は「問題ないレベル
　　に下げられるか」を確認しておく

　・定期的に「新製品導入段階時に確認したコンタミネーションレベ
　　ルを維持している」ことを検査する（**図表 4-23** 参照）

図表 4-23　コンタミネーション

食品表示基準 Q&A について　消食表第 140 号　平成 27 年 3 月 30 日　別添アレル
ゲンを含む食品に関する表示（G−4）
　基本的にある製品の製造時に他の製品に用いた原材料中のアレルギー物質がライ
ン上でコンタミネーションすることは望ましいものではなく，十分な対策が必要
です．製造ラインを複数の製品の製造に用いるとき（共有するとき），コンタミ
ネーションの防止対策として，製造ラインを十分洗浄した上で，特定原材料等を
含まないものから製造することが考えられます．また，可能な限り専用器具を使
用することも有効です．

　では，どのくらいの使用量で記載の必要があるかについては，「アレ
ルギー物質を含む食品に関する表示 Q&A」に以下のように示されてい
ます．（**図表 4-24，25** 参照）

図表 4-24　表示（1）

食品表示基準 Q&A について　消食表第 140 号　平成 27 年 3 月 30 日　別添アレル
ゲンを含む食品に関する表示（H−1）
　**特定原材料等が「入っているかもしれません」「入っているおそれがあります」
などの可能性表示について ・・・**
　「可能性表示」（入っているかもしれません）は認められません．

168　　　　　　第4章　生産工程のリスクと管理

図表 4-25　表示（2）

> 食品表示基準 Q&A について　消食表第 140 号　平成 27 年 3 月 30 日　別添アレル
> ゲンを含む食品に関する表示（C−3）
> 　健康危害防止の観点から，食物アレルギーを誘発する量を考える際には，特定原
> 材料等の抗原（特定タンパク）量ではなく，**加工食品中の特定原材料等の総タン
> パク量に重きを置いて考える**こととしています．····**数µg/ml 濃度レベルまたは
> 数 µg/g 含有レベル以上の特定原材料等の総タンパク量を含有する食品について
> は表示が必要**と考えられる一方，**食品中に含まれる特定原 材料等の総タンパク量
> が，数 µg/ml 濃度レベルまたは数 µg/g 含有レベルに満たない場合は，表示の必
> 要性はないこととしています．**····

　上記のように，数 µg/mL 濃度レベル，または数 µg/g 含有レベル以
上の特定原材料等のタンパク質を含有する食品については表示が必要で
す．

4.3　出荷判定，回収についてのリスク管理と対策

　食品事業者はハザードを除去，あるいは許容限界以下に減ずることが
必要であり，最終製品の出荷に際しては，"リスクの有無"や"生じた
リスクの重大性の評価"，"対応方法の判断"などを前もって考慮してお
く必要があります．

　具体的には，出荷できる製品であることを確認する「出荷判定」，不
合格品が発見された場合の「不合格品の管理」，クレーム等の情報が
あった場合に当該ロットの品質確認ができるよう，「控え見本の管理」
が必要です．また，クレーム等の情報があった場合，当該ロットの遡
及・追跡できるよう「トレーサビリティ」などを手順化しておきます．
そして，最悪の場合の「製品の回収」となった時の手順を整備しておか
なければなりません．

4.3 出荷判定，回収についてのリスク管理と対策

4.3.1 出荷判定

（1） 出荷前の判定

出荷の前の「出荷判定」は，製品が規格通りにできたかを判定します．「『ハザード』を除去，あるいは許容限界以下まで減じたか」「『リスク』を適切に減じたか」も判定しますが，その他，製品の規格（例えば風味・色・ツヤ，個包装具合など）を満たした合格品なのかも判定します．出荷判定を実施していないなら，実施するべきです．

海を泳いでいるフグはハザードです．ですからフグの調理免許を持つ料理人にフグ毒（危害）を除去してもらい（食品衛生法施行規則第六十六条第二項　別表第十七　1－ヘ），安全に食します．食品の例ではありませんが，雨が降ってきた場合，降水量が 20 mm/ 時間ではザーザー降りで傘をさしていても濡れます．50〜80 mm/ 時間では滝のように雨が降り，100 mm/ 時間を超えるような猛烈な雨量になると，大規模な道路冠水が起こります．200 mm 以上 /24 時間となると，土砂崩れなどの災害が発生し始めます．リスクは「ある，なし」ではなく「“おそれ”の大小」なのです．本書は，しっかり「一般衛生管理」をして，以下に示す「リスク」を減ずることが目的です．

- ・顧客，取引先の要求事項
- ・法規や協会の規約の要求事項
- ・自社基準としての要求事項
- ・特に規格で明確にしていなくても満たしているべき事項（例えば，チョコレートをかじったら，センタークリームがこぼれて服が汚れてしまうおそれがある　他）

出荷判定では以上のことを満たしているかなどを判定します．原材料受入から外装工程までの工程検査のすべてが合格か，品質管理部署の検査で合格か，第三者機関などの検査がある場合，その結果に合格か（例えば，外部依頼の微生物検査や中国の CIQ 検査など）を確認します．つまり，これらを「出荷の合否」判定の根拠とします．

（2） どのように確認するのか

　例えば，出荷判定者の品質管理部署の長は，「原料受入検査結果」「包材受入検査結果」で，すべての原材料が合格品だったことを確認します．

　次に「○○原料仕込み記録」「○○成型日誌」「○○外装日誌」で，各工程は異常なく稼働したことと，すべての工程検査で合格であったことを確認します．そして，品質管理部署の「○○品質検査記録」で各検査結果がすべて合格であったことを確認します．第三者機関などの検査がある場合，その結果が合格であることを確認します．

　そして，それらすべての結果を品質管理部署員が「出荷判定記録」にまとめます．最終的に，品質管理部署の長，あるいは工場長が「出荷判定記録」の出荷承認欄に捺印することで，「出荷が可能」と判定されたことになります．もちろん，各工程のすべての記録の確認を品質管理部署がしなくてもいいように，結果として"異常なく生産した"ことが確認できるような仕組みを作っても結構です．

（3） 口頭ではなく，記録に残る形で

　承認された「出荷判定記録」を，出荷作業者はコンピューター上などで確認します．肝心なことは口頭ではなく"記録に残る形"で伝達されなければなりません．口頭の連絡だと"品種やロット番号の聞き間違い"や"聞いた，聞かない"などの事態が起こる可能性があるからです．そして，これら一連の活動は，「出荷検査手順」に定めておきます．

4.3.2　不合格品の管理

　出荷判定で不合格になった場合は，次のような措置を取ります．

（1） 不合格品のライン外への確実な排除

　「不合格品」「不良品」「不適合品」など，会社によっていろいろな呼び方があります．ここでは「不合格品」として話を進めます．まず，不合格品の発生範囲を明確にし，すべての不合格品をライン外へ排除する

ことが重要です.

　発見した「不合格品」を"誤使用してしまった","誤出荷してしまった"のでは意味がありません. 不合格品を発見した作業者は, 生産現場の管理責任者に報告して, 対応方法や対象範囲の指示を受けます. 以下に, 失敗例を紹介します.

失敗例 1：不合格品の排除漏れ

　この例では, 不合格品のライン外への排除が不十分でした. ある事業所で, 11 時 45 分に金属検出機による金属異物品排徐が発生したため, すぐに生産を停止し, 日誌で金属検出機の機能チェック結果を確認しました. 不合格の原因は, 生産ラインの仕込みミキサー後の送りポンプに異常があり, 金属切り子が大量発生して製品に混入したことが原因でした（**図表 4-26**）.

　金属検出機の検出・排徐機能チェックは 2 時間ごとに実施しており, 10 時の金属検出機の機能チェックでは合格だったので, 10 時以前の製品は合格品と判断しました.

　10 時から 11 時 45 分の間に生産された製品は, "合否判定待ちの一次的保留品"とし, 品質管理部署の判断待ちとしました. その後, 品質管理部員が金属検出機の機能チェックを実施し, 検出および排徐機能に問題がなかったので, "10 時から 11 時 45 分までの間で, 金属検出機を通過した製品"は合格品と判定しました.

　次に, 送りポンプから金属検出機までの「未成型品」「未包装品」「包装品」をすべてライン外に排除し, 品質管理部署の判断待ちとしました. その後, 品質保証部長がそれらの製品は「廃棄処分」と判断し, 工場長が了承しました. ところが, 金属検出器を通過していないので「廃棄処分」とした「包装不合格品」が「前工程戻し」として包装を剥がして仕込みミキサーに再投入されてしまいました（**図表 4-27**）.

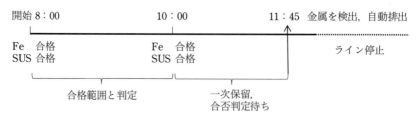

図表 4-26 不合格品の排除漏れ (1)

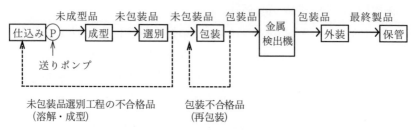

図表 4-27 不合格品の排除漏れ (2)

この失敗例の原因として,「不合格品取り扱い手順」が定められ,徹底されていなかったことが挙げられました.もし,不合品が出たときの取り扱い手順が定められ,その手順通りに作業を進めるというルールがあったら,「仕込み戻し」などの"2次被害"は防げたはずです.

失敗例2:不合格品の識別・隔離不備

> ある最終製品の不合格品をライン外へ排除しパレット積みをしたのはいいのですが,不合格品の一面にだけしか「出荷停止」の表示がしてありませんでした.さらに間が悪いことに,その「出荷停止」の表示面を壁に向けて一時置したために,出荷担当者は表示に気づかず「合格品」として出荷してしまいました.

「出荷停止」「再検査待ち」「廃棄品」などの表示は目立つように,通常の表示用紙とは色を変えて四面に貼り,隔離スペースに保管します.これらルールも,「不合格品取り扱い手順」に定めておくべきです.
 また,不合格品は,受入検査,工程検査,品質管理部の検査,出荷判

4.3 出荷判定，回収についてのリスク管理と対策 **173**

定などの各所で発生しますので，「不合格品取り扱い手順」の作成にあたっては，それぞれの段階においての手順を定める必要があります．

失敗例3：口頭連絡ミス

連絡や指示は口頭ではなく，必ず，メールやメモ，報告書など，形に残るようにすることが大切です．過去に，不合格品対応の各部署への連絡が口頭連絡であったために聞き逃されて，倉庫担当者が「不合格品」を「合格品」として出荷してしまったことがありました．また，聞き間違いによって，隔離すべきロット番号にズレが生じて「不合格品」の一部が「合格品」として保管され，出荷されてしまったこともありました．

このように，口頭連絡は聞き間違い，勘違い，連絡事項漏れなど，いろいろなミスの原因となります．

ある事業所で，「当社は規模が小さいので，事務も製造も管理責任者もみんなこの事務所にいます．一声怒鳴ればみんなに聞こえます」と言われてしまったことがあります．しかし，責任者や担当者がそのとき，その場にいないこともあるだろうし，聞き間違いもあり得るのです．

また，ある品質管理部署の長は「すべての製品に二次元バーコードを付けてコンピューター管理しているので，誤出荷はあり得ません」と胸を張っていましたが，あるとき，客先に入荷された製品に不合格品が混入していました．コンピューター上でインプットされた不合格品の範囲がズレてしまい，不合格品の一部が出荷されてしまったのです．これは，業務課長の口頭連絡を，コンピューターの管理担当者が聞き間違えたことが原因でした．

(2) 再検査時の第三者の立会い

不合格品が一次保留になった場合，"要検査品（再検査品）"あるいは"処置待ち品（リワーク指示待ち品や廃棄指示待ち品）"となります．

174　　　　第4章　生産工程のリスクと管理

　このとき問題なのは，再検査の結果を，誰が，どのように連絡するかです．例えば，品質管理部署の長が製造部長，製造1課長，1課1係長に再検査の結果を報告します．同時に，出荷や倉庫管理関係者である事務部長，業務課長，業務係長にも再検査の結果を報告します．

　再検査が「不合格」であれば，業務係長が「出荷作業判定結果は不合格である」ことと，その製造日やロット番号などをメール，あるいは指示書などで出荷作業者へ連絡します．「合格」であれば，業務係長が出荷作業者に判定結果と製造日やロット番号などを，メールや指示書などで連絡します．

　繰り返しになりますが，「不合格品」や「要検査品」などは隔離スペースに保留するのが望ましいのです．隔離品はその内容ごとにパレットに積み分け，隔離品を積んだパレットには，「出荷停止品」「要検査品，再検査待ち品」「処置待ち品」「返品」など，内容により色分けした用紙に製品名，その内容，数量，発生日などを記載してパレット積み品4面に張り付けるなど，誤使用，誤出荷を防止するべきでしょう．

　「表示の変更」や「隔離解除」の作業では，間違いが起きないように第三者が，例えば品質管理部署のスタッフが立会うと，より確実性が増します．せっかくライン外へ排除した不合格品を誤使用，誤出荷してしまうことはもったいないことです．

（3）　不合格品の処置

　再検査の合否判定や処置方法の決定については，「不合格品の処置手順」に"不合格品の処置方法（廃棄，リワーク，売店売り，特別採用[5] など）の決定者""連絡先と連絡方法""必要に応じて品質管理のスタッフ者が立会う"ことを定めておきます．

　　5)　例えば，農産物加工品では，その年の出来具合で製品への影響が出やすいものです．契約範囲内での調整を行っても，個装前の検査でpHや色調，サイズなどが規格値からやや逸脱してしまうことがあります．この場合，生産委託元と協議の上，合否判定します．この場合の合格品は特別採用となります．

（4） 是正処置

不良品発生の原因が究明されたら，対策を検討し，是正処置を実施する必要があります．さらに，改善効果の確認も必要です．改善不足と判断されたら，またさらに対策案を検討し是正処置を実施します．

これらの対策案の承認，対策実施の確認，改善効果の評価などを，誰が，どのように行うのかについても「不合格品の処置手順」に定めておきます．

（5） 一連の対応記録

是正処置記録として，あるいは今後の知見として，"不合格品の誤使用・誤出荷などがなく，再発しないよう改善された"ことを「不合格品取り扱い記録」や「不合格品処置記録」に記録しておかなければなりません．

（6） 経営層の機能チェック

一連の対応記録から，経営層は"組織が適切に，迅速に機能したのか"を確認することが必要です．機能が不十分であれば，「不合格品取り扱い手順」や「不合格品処置記録」の見直しが必要です．

4.3.3 控え見本の管理

製品の控えは，ロットごとにサンプリングします．その保存サンプルの保管量と保管期間，保管条件（温度，湿度など）を決め，「控え見本保管手順」として定めておくことが必要です．

保管量は，クレーム対応のための数量や保管スペースなどを勘案して決めます．業務用品の場合，段ボール箱やクラフト袋単位の保管は現実的ではないので，適切に品質が保持できる容器に小分けして保管します．

保管期間は「消費期限，賞味期限満了時」としている事業者が多く，保管期間を満たしたら"そのまま廃棄する"という事業社と，"検査し

て品質に問題ないことを確認後，廃棄する"事業社があります．できれ
ば，毎回でなくてもよいので，品質に問題がないことを確認してから廃
棄するべきです．また，1ロット/年くらいの頻度で保管期間を「賞味
期限× 1/安全期間（0.8）」（後述 4.4.5「消費・賞味期限の表示管理」を参照）
に延長し，"真の賞味期限に問題ない"ことを確認するべきです．

4.3.4　トレーサビリティ

　食品においてトレーサビリティとは，"食品の流れを確実に把握でき
ること"です．各段階の食品事業者が食品を取り扱った際の記録を保存
しておくことで，食中毒など健康に影響を与える事故が発生した場合
に，問題のある食品がどういうルートで購入されたのかを調べたり（追
跡），どのようにしてつくられたのかを調べること（遡及）ができます．
食品衛生法には，次のように示されています．

図表 4-28　トレーサビリティ

食品衛生法　第3条
　食品等事業者（‥‥）は，その採取し，製造し，輸入し，加工し，調理し，貯蔵
し，運搬し，販売し，不特定若しくは多数の者に授与し，または営業上使用する
食品，添加物，器具または容器包装（‥‥）について，**自らの責任においてそれ
らの安全性を確保するため，販売食品等の安全性の確保に係る知識及び技術の習
得，販売食品等の原材料の安全性の確保，販売食品等の自主検査の実施その他の
必要な措置を講ずるよう努めなければならない．**
2　食品等事業者は，販売食品等に起因する食品衛生上の危害の発生の防止に必要
な限度において，**当該食品等事業者に対して販売食品等またはその原材料の販売
を行った者の名称その他必要な情報に関する記録を作成し，これを保存するよう
努めなければならない．**
3　食品等事業者は，販売食品等に起因する食品衛生上の危害の発生を防止するた
め，前項に規定する**記録の国，都道府県等への提供，食品衛生上の危害の原因と
なった販売食品等の廃棄その他の必要な措置を適確かつ迅速に講ずるよう努めな
ければならない．**

（1）　トレーサビリティが義務化されている食品

　あくまでも，食品の移動を把握できることが，食品トレーサビリティ
であり，単に栽培・飼育履歴や衛生管理などの食品の生産・製造・加工

4.3 出荷判定，回収についてのリスク管理と対策　　177

などに関する詳細な情報を提供することではありません（兵庫県庁HP：「食品トレーサビリティガイドライン」）.

　現在，トレーサビリティの法律として，牛トレーサビリティ法，米トレーサビリティ法が制定されています．また，食品衛生法においては，食品全般の仕入元及び出荷・販売先等に係る記録の作成・保存（基礎トレーサビリティ）が食品事業者の努力義務として規定されています（農林水産省HP：「食品トレーサビリティ制度」）.

①牛トレーサビリティ法：

BSEのまん延防止措置の的確な実施を図るため，牛を個体識別番号により一元管理するとともに，生産から流通・消費の各段階において個体識別番号を正確に伝達することにより，消費者に対して個体識別情報の提供を促進しており，牛の耳標及び牛肉に記載されています．個体識別番号により，インターネットを通じて牛の生産履歴を調べることができます（農林水産省HP：「牛・牛肉のトレーサビリティ」）.

②米トレーサビリティ法：

・米トレーサビリティ法について

　　お米，米加工品に問題が発生した際に，流通ルートを速やかに特定するため，生産から販売・提供までの各段階を通じ，取引等の記録を作成・保存します．お米の産地情報を取引先や消費者に伝達します.

・対象品目

米穀：もみ，玄米，精米，砕米

主要食糧に該当するもの：米粉，米穀をひき割りしたもの，ミール，米粉調製品（もち粉調製品を含む），米菓生地，米麹等

米飯類：各種弁当，各種おにぎり，ライスバーガー，赤飯，おこわ，米飯を調理したもの，包装米飯，発芽玄米，乾燥米飯類等の米飯類（いずれも，冷凍食品，レトルト食品及び缶詰類を含む）

米加工食品：もち，だんご，米菓，清酒，単式蒸留しょうちゅう，みりん（農林水産省HP：「米トレーサビリティ法の概要」）.

米・米加工品の取引，事業者間の移動，廃棄など行った場合には，その記録を作成し，保存します．取引の際に記録が必要な項目は品名，産地，数量，年月日，取引先名，搬出入した場所，用途を限定する場合にはその用途などで，3年間保存します．

③食品衛生法：食品全般仕入元及び出荷・販売先等に係る記録の作成・保存（努力義務）

(2) 自社が決めるトレーサビリティ

自社で"何を""いつ"生産したか，"どこに出荷したか"などを追跡・遡及できるようにして，生産委託品であれば委託元，あるいは委託先とどのようにトレースするのか決めておくようにします．効果的で，かつできるだけ負担が少なく続けていけるように定めます．

図表 4-29　社内の記録と保存

食品衛生法施行規則第六十六条の二　別表第十七　14その他
イ　食品衛生上の危害の発生の防止に必要な限度において，取り扱う食品または添加物に係る**仕入元，製造または加工等の状態，出荷または販売先その他必要な事項に関する記録を作成し，保存する**よう努めること．
ロ　製造し，または加工した製品について**自主検査を行った場合には，その記録を保存する**よう努めること．

トレーサビリティは，フードチェーンにおける"各段階の生産物"と"その生産や物流などの情報"を結びつけるものであり，品質管理部署の長が「トレーサビリティシステムを導入しているので，不合格品を出荷することはありません」と言い張っても，十分な説明とはなりません．つまり，トレーサビリティシステムが確立しているからといって，不合格品が出ないわけではなく，誤出荷などがないとはいえません．目指すところは「合格品のみを生産し，合格品のみを出荷する体制作り」であり，万が一不合格品が出てしまった場合，遡って追跡し，原因究明ができる仕組みを整えておくということです．

(3)　ロット管理―ロット単位の決め方

　原材料や生産品目，生産方法，客先の要望などにもよりますが，"ロットの単位の大きさ"と"抱えるリスクの大きさ"とを天秤にかけてロット単位を決めるようにするべきです．

　ロット単位が小さいほど，回収になった場合の追跡の精度が上がります．また，安全・安心の点から，ロットごとに「控えサンプル」が保管されていると，クレームなどがあった場合，同ロットの「控えサンプル」で同ロットの製品の品質を確認し，当日の記録などで生産状況や原材料まで遡及して異常の有無や状況が確認できます．

　監査先でロットの単位を尋ねると，「ロットは生産日単位です」という答えが返ってくる事業所が多くあります．しかし，ロット単位が大きければ，不合格品が発生した場合，その遡及範囲も大きくなり，逆に，ロット単位が小さければ追跡する範囲は小さくなります．また，バッチ生産であればバッチごとにロットを分けることもできますが，ロットの切り替わり時ごとに印字変更などが必要になります．

　以前，ある製品でクレームが発生しました．10本入りの箱の最初の1本目に異常が発見されたので，クレーム品と残りの製品9本もすべて回収でき不幸中の幸いと思いました．生産事業所に問い合わせると，「箱に詰める直前，すべての製品に通過順に時刻を印字してあるので，日誌と照合すればすぐ原因が特定できます」ということだったので，簡単に問題解決に至ると期待しました．ところが，回収した製品の時刻印字に連続性がなく，数分間の空白がありました．この原因は，数分間の生産停止があり，その手直しの間が時刻印字の不連続になったものと思われました．また，その不連続な時間帯に異常が発生したものと思われました．数分間の停止は復旧に忙しかったのでしょう．日誌には停止の記録がなく，結局，数分間の停止とクレームの原因特定はできませんでした．

　製品1本1本に生産時刻が正確に印字されていたとしても，何か不具合が発生した場合，日誌にそのことが記録されていなければ，その印字

は，ただ"その製品がその時刻に印字機を通過した"ことを示すだけ
で，"そのとき何が起きたのか"を教えてはくれないのです．

　不合格品は的確に特定し，誤りなく排除しなければなりません．ロッ
ト単位が小さければ範囲特定の精度は高くなりますが，不合格品が「リ
ワーク品」にまでわたるとなると，範囲特定作業の流れが複雑化してき
ます．また，先にも述べましたが，注意が必要なのは，再検査待ちなど
の「保留品」です．再検査の合格判定で出荷を決定する場合，トレース
ができるように確実に記録しておかなければなりません．また，先入れ
先出しが上手くできていないと，場合によっては賞味期限の逆転出荷も
発生してしまい，速やかな範囲特定作業に支障をきたします．

4.3.5　運搬

　入荷，出荷にかかわらず運搬車両の荷室・コンテナ等は，例えば，冷
凍品・冷蔵品などでは温湿度管理条件が整っている必要があります．ま
た，荷室・コンテナ内の汚れがひどく，異臭があったりすると，食品や
容器包装が汚染したり，異臭が付いたりするおそれがあります．虫が侵
入していることもあります．

　以前，運搬中の振動で荷室内の外装段ボールに傷がつかないように
と，運搬業者が荷室内に木製壁を自主制作しましたが，それには"浮き
釘"があり，段ボールがズタズタになっていたことがありました．

　また入荷品の受入検査を全品行っていない事業者がありました．乳製
品なのに運転手が勝手に冷蔵庫に収納し，記録簿に記入して行くとのこ
とでした．「温度管理が適切でない車両だったら，運搬品の品質はどう
するの」と心配になりました．さらに聞いていると，「運転手に面倒が
ないようにと道路わきの別棟に冷蔵庫を設置し，弊社員を呼ばなくても
すむように無施錠‥‥」でした．「その冷蔵庫の中は保管品の品質管理
だけでなく，防犯性は大丈夫か？」と，もっと心配になりました．

　入荷時検査，出荷時検査をしっかり実施し，記録を残すことは重要で
すが，従業員以外の出入りにより起こり得るリスク管理も必要です．

4.3 出荷判定，回収についてのリスク管理と対策　**181**

図表 4-30　運搬

食品衛生法施行規則第六十六条の二　別表第十七　11 運搬

イ　食品または添加物の運搬に用いる**車両，コンテナ等は，食品，添加物またはこ
　　れらの容器包装を汚染しないよう必要に応じて洗浄及び消毒をすること**.

ロ　車両，コンテナ等は，**清潔な状態を維持するとともに，補修を行うこと等によ
　　り適切な状態を維持すること**.

ハ　**食品または添加物及び食品または添加物以外の貨物を混載する場合は，**食品ま
　　たは添加物以外の貨物からの汚染を防止するため，**必要に応じ，食品または添
　　加物を適切な容器に入れる等区分すること**

ニ　運搬中の食品または添加物がじん埃及び排気ガス等に汚染されないよう管理す
　　ること.

ホ　品目が異なる食品または添加物及び食品または添加物以外の**貨物の運搬に使用
　　した車両，コンテナ等を使用する場合は，効果的な方法により洗浄し，必要に
　　応じて消毒を行うこと**.

ヘ　ばら積みの食品または添加物にあっては，必要に応じて食品または添加物専用
　　の車両，コンテナ等を使用し，食品または添加物の専用であることを明示する
　　こと.

ト　運搬中の温度及び湿度の管理に注意すること.

チ　運搬中の温度及び湿度を踏まえた配送時間を設定し，所定の配送時間を超えな
　　いよう適切に管理すること.

リ　調理された食品を配送し，提供する場合にあっては，飲食に供されるまでの時
　　間を考慮し，適切に管理すること.

4.3.6　製品の回収

　食品衛生法に違反した，またはその疑いのある食品等については，回収命令または食品事業者による自主回収が行われることになります．自主回収を行う場合，事業者は自主回収報告制度に基づき，食品衛生申請等システムで都道府県等に届け出を行う必要があります．また，一般的には併せて所在する地域を管轄する保健所にも報告を行います．

　不合格品を迅速かつ的確に回収するためには，連絡体制を構築し，具体的な回収方法や知事等への報告についての手順等を定めておかなければなりません．そのため，"回収作業に必要な判断をして，回収を実行する関係者"への連絡網の作成も必要です．また，消費者への注意喚起や回収などのため，必要な情報の公表について検討し，適切に実施しな

けれてばなりません.

生産委託品であれば，生産委託元に正確な情報を請求あるいは提供し，対応の仕方を検討しておくべきです．また，定期的に模擬訓練を実施し，手順書を随時見直す必要もあります．委託元と共同の模擬訓練を行いましょう.

図表4-31　情報提供

食品衛生法施行規則第六十六条の二　別表第十七　9　情報の提供
- **イ**　営業者は，採取し，製造し，輸入し，加工し，調理し，貯蔵し，運搬し，若しくは販売する食品または添加物（以下この表において「製品」という.）について，**消費者が安全に喫食するために必要な情報を消費者に提供するよう努めること**.
- **ロ**　**営業者は，製品に関する消費者からの健康被害**（医師の診断を受け，当該症状が当該食品または添加物に起因するまたはその疑いがあると診断されたものに限る．以下この号において同じ.）**及び法に違反する情報を得た場合には，当該情報を都道府県知事等に提供するよう努めること**.
- **ハ**　営業者は，**製品について，消費者及び製品を取り扱う者から異味または異臭の発生，異物の混入その他の健康被害につながるおそれが否定できない情報を得た場合は，当該情報を都道府県知事等に提供する**よう努めること.

図表4-32　回収・廃棄

食品衛生法施行規則第六十六条の二　別表第十七　10　回収・廃棄
- **イ**　営業者は，製品に起因する食品衛生上の危害または危害のおそれが発生した場合は，消費者への健康被害を未然に防止する観点から，**当該食品または添加物を迅速かつ適切に回収できるよう，回収に係る責任体制，消費者への注意喚起の方法，具体的な回収の方法及び当該食品または添加物を取り扱う施設の所在する地域を管轄する都道府県知事等への報告の手順を定めておくこと**.

図表4-33　回収・廃棄

食品衛生法施行規則第六十六条の二　別表第十七　10　回収・廃棄
- **ロ**　製品を回収する場合にあっては，**回収の対象ではない製品と区分して回収したものを保管し，適切に廃棄等をすること**.

4.4 表示管理についてのリスク対策

　商品のパッケージ等に表示する内容は，顧客に対して商品の内容を開示する大変重要な情報です．この表示にミスがあると「自主回収」となる可能性があります．食品安全リスク回避のための重要な施策として本節で取り上げます．

4.4.1 食品に関する表示

　食品に関する表示は食品の安全性を確保し，消費者が自主的かつ合理的に食品を選択する手掛かりとなるものなので，販売される食品の表示について必要な基準などが定められ，その適正について確保されています．

図表 4-34　食品表示の目的

```
食品表示法　第一条
　この法律は，食品に関する表示が食品を摂取する際の安全性の確保及び自主的か
つ合理的な食品の選択の機会の確保に関し重要な役割を果たしていることに鑑
み，販売（不特定または多数の者に対する販売以外の譲渡を含む．以下同じ．）
の用に供する食品に関する表示について，基準の策定その他の必要な事項を定め
ることにより，その適正を確保し，‥‥，国民の健康の保護及び増進並びに食品
の生産及び流通の円滑化並びに消費者の需要に即した食品の生産の振興に寄与す
ることを目的とする．
```

　ここでは"どのように表示を作るべきか"ではなく，表示漏れなどのミスを防ぐには，"どのような注意を払う必要があるのか"について述べます．

4.4.2 意図的な表示違反と表示ミス

　まず，食品の表示に関しては大きく「意図的な表示違反」と「（単純な）表示ミス」があります．意図的な表示違反と表示ミスは，質が全く違います．「意図的な表示違反」は賞味期限改ざんや産地偽装など，"意

図的に表示をごまかそうとする行為"です．一方，「表示ミス」は"納入元からの情報不足等で起きてしまったミス""知識不足や勘違いで起きてしまったミス"などで，意図的ではありませんが，食品表示法違反となってしまいます．そもそも意図的な表示違反は，食品事業者としてやってはいけない行為ですから本書では触れません．注意しなければならないのは，「単純な表示ミス」を発生させないこと，「誤解を与えるような表示」をしないようにすることです．事実と異なる表示や大げさな表示など，消費者を騙すような表示は「景品表示法」で禁止されています．

　表示すべき項目については既にご存知のことと思いますので，ここでは法令を紹介するだけにします．

図表4-35　表示すべき項目

食品表示法　第四条
　　内閣総理大臣は，内閣府令で，食品及び食品関連事業者等の区分ごとに，次に掲げる事項のうち当該区分に属する食品を消費者が安全に摂取し，及び自主的かつ合理的に選択するために必要と認められる事項を内容とする販売の用に供する食品に関する表示の基準を定めなければならない．
一　名称，アレルゲン（食物アレルギーの原因となる物質をいう．），保存の方法，消費期限（食品を摂取する際の安全性の判断に資する期限をいう．），原材料，添加物，栄養成分の量及び熱量，原産地その他食品関連事業者等が食品の販売をする際に表示されるべき事項
二　表示の方法その他前号に掲げる事項を表示する際に食品関連事業者等が遵守すべき事項

4.4.3　表示ミスを起こさないために

（1）　入荷した包装材料の印刷内容は本来の表示案通りか

　新製品の包装材料に印刷された内容が，表示案通りであるかどうかをチェックする必要があります．このチェックは，例えば新製品導入担当者と品質管理部署の人など，異なる立場や組織の担当者同士で確認作業をする方がミスを発見しやすいようです．一人が刷り上がった包装材料の印字部を読み上げ，もう一人が表示案（元資料）の印字部と対照しな

からチェックします.

　規格変更品では，印刷会社のミスで表示の一部が抜けることがあります．また，新製品では誤字・脱字が見つかることがあります．例えば，「香辛料」が「香幸料」になっていたり，英語表記のスペルが一文字抜けていたことがありました.

(2)　工場で印字作業をするが，印字検査機が設置されていない場合

　印字検査機が設置されていない場合，期限表示の印字漏れ，印字不明瞭，誤印字などが発生するおそれがあります.

①　手直し作業と印字漏れ

　印字ミスは，印字機の調整時や手直し作業，イレギュラーな作業時に発生する場合が多いようです．印字機の調整をしながら生産を続行している時には，"不合格品の排除漏れ"が出て，出荷されてしまうおそれがあります.

　手直し作業絡みで，次の失敗例を紹介しておきます.

失敗例 1：作業パターンの異なる手直し作業

　袋詰め品の「ヒートシール作業」で「賞味期限」を同時に印字する作業でした．生産終了後，作業者はA，Bの二手に分かれて不合格品の手直し作業をしました.

　A班は「シールの見栄えが悪く不合格品とされたもの」にヒートシールを上からもう一度掛け直して，"シール部の見栄えだけ"の修正作業をしました．このとき，「賞味期限印字の二度打ち」を避けるために印字機のスイッチを切って，ヒートシールだけを実施しました.

　B班は「包装不合格品」の再包装作業をしました．まず，不合格品を開封し，新たな袋に詰め直しをしました．A班の作業が終了した

後，B班は同じヒートシール機でヒートシールをしました．このとき，「A班が印字機のスイッチを切ったままにしていること」に気付かず，賞味期限が印字されていない製品を出荷してしまいました．

同じ設備を使い，作業パターンが異なる手直し作業で，手直し後の検査作業が抜けてしまったために起こったミスです．手直し作業後，通常作業と同じ検査を実施して，合格品であることを再確認するべきです．

② 印字不明瞭と印字限度見本の備え

期限表示全体や一部が不明瞭，あるいは文字の一部欠損が出ることがあります．文字の一部欠損は，0，3，6，8，9の例でいえば，8が3に見えたり，0に見えたりします．特に，段ボールケースに期限表示を判押しするときは，印字の当たり具合で読みにくくなりがちですので気を付ける必要があります．こうした場合に備え，「賞味期限印字の限度見本」を作成して，印字状態の合否判断をするべきです．

また，新商品導入の試作時には，擦ると簡単に印字が消えてしまうことがないかチェックしておきます．正しく印字しても，一部が消えてしまうと誤印字と同じことになってしまいます．

③ 誤印字を防ぐトリプルチェック

例えば，期限表示の年が「2010年」とするべきところが「2001年」になっていたら，間違いなく回収となります．古い話ですが，実際に，このようなことがありました．

失敗例2：トリプルチェックの誤認識

作業者Dは，作業者Cおよび1課1係長と印字のトリプルチェックをして生産を開始しましたが，ときどき印字が明瞭でないものが出ました．そこで，作業者Dが生産を停止して原因確認作業をしているときにうっかり刻印字ホルダーを落とし，刻印をバラバラにしてしまったのです．作業者Dはすぐセッティングし直したのですが，慌

ていたので西暦の下二桁が入れ替わったことに気づかず，"2010 年"
とすべきところを "2001 年" で印字，生産を開始してしまいました．
生産再開前のトリプルチェックでも「印字は正しかったから，セット
し直しても正しい」との誤認識で，生産を再開してしまったのです．

「そんな古い印字機は今どきありませんよ」という方，セッティング
方法は近代的になっても「間違っているかもしれない」との認識で確認
作業をしないと人間は必ずミスをします．

4.4.4　ラベル貼り付け作業時の注意点

大企業の場合，商品表示はほとんどが製品に印刷されています．しか
し，中小企業の場合は生産ロットが小さいことから，プリンターで印字
したラベルを製品に貼り付することが多いようです．このような場合，
貼り付け後のラベル剥がれ，ラベル誤印字・別商品のラベル貼り付け間
違い，ラベル貼り付け漏れなどのおそれがありますので，確実にチェッ
クするようにします．

（1）　貼付後のラベル剥がれのトラブル

新商品開発時には，製品からラベルが簡単に剥がれてしまうことがな
いかについての確認が必要です．段ボールケースに詰め込む際に，擦れ
てラベルが剥がれ，別の商品に付いてしまい "ラベルが 2 枚貼られてい
る商品" と "1 枚も貼られていない商品" を出荷してしまった例があり
ます．

筆者の経験ですが，機内販売品を購入した際，支払った金額と機内販
売品カタログの金額が異なっていたのが気になったので，CA に確認しま
した．原因は，まったく別の商品のラベルが剥がれて私の購入品に貼り
付いていたためでした．たまたま気付いたので差額が戻ってきました．

（2）　ラベルの誤印字

パソコンとプリンターで自前印刷している場合，2 つのチェックが必

188　　　　第4章　生産工程のリスクと管理

要です.

　1つは, "生産する商品の印刷ラベルに間違いがないか"を確認することです. 規格変更した新ラベルと旧ラベルがよく似ていたうえ, 旧ラベルのデータがパソコンに残っていたため, 誤って旧ラベルを印刷して貼り付けしてしまった事例がありました. また, 姉妹品や季節限定品でミスを犯してしまった例もあります.

　もう1つは, ラベル選択は間違いなくても, 印字内容に誤りがある場合です. 期限表示等の内容が正しいかについてもしっかり確認する必要があります.

(3)　ラベル貼り付け漏れのチェック

　貼り付け漏れがないことを確認します. 生産終了時に「印刷した総ラベル枚数」「貼付したラベル枚数」「貼り直したラベル枚数」「記録として日誌に貼った枚数」と「残ったラベル枚数」で, ラベル枚数の過不足を計算して±0になるかで, 貼り付け漏れがないことを確認することが重要です.

4.4.5　消費・賞味期限の表示管理

　「消費期限または賞味期限」を表示すべき項目とし, 「消費期限または賞味期限」の表示方法については, 「品質が急速に劣化しやすい食品は消費期限+年月日, それ以外の食品は賞味期限+年月日の順で表示する」とされており, 容器包装に入れられた加工食品には, 消費期限または賞味期限を表示しなくてはなりません. 消費期限または賞味期限は,

図表 4-36　表示の方法

食品表示基準　第三条
　食品関連事業者が容器包装に入れられた加工食品 ‥‥ を販売する際 ‥‥ には, **次の表**の上欄に掲げる表示事項が同表の下欄に定める表示の方法に従い表示されなければならない. ただし, 別表第四の上欄に掲げる食品にあっては, 同表の中欄に掲げる表示事項については, 同表の下欄に定める表示の方法に従い表示されなければならない.

4.4 表示管理についてのリスク対策　　**189**

図表 4-37　食品表示基準　第三条中の「次の表」（一部）

名称	1　その内容を表す一般的な名称を表示する．ただし，乳（生乳，生山羊乳，生めん羊乳及び生水牛乳を除く．以下同じ.）及び乳製品にあっては，この限りではない． 2　1の規定にかかわらず，別表第五の上欄に掲げる食品以外のものにあっては，それぞれ同表の下欄に掲げる名称を表示してはならない．
保存の方法	食品の特性に従って表示する．ただし，食品衛生法第十三条第一項の規定により保存の方法の基準が定められたものにあっては，その基準に従って表示する．
消費期限又は 賞味期限	1　品質が急速に劣化しやすい食品にあっては消費期限である旨の文字を冠したその年月日を，それ以外の食品にあっては賞味期限である旨の文字を冠したその年月日を年月日の順で表示する．ただし，製造又は加工の日から賞味期限までの期間が三月を超える場合にあっては，賞味期限である旨の文字を冠したその年月を年月の順で表示することをもって賞味期限である旨の文字を冠したその年月日の表示に代えることができる． 2　1の規定にかかわらず，乳，乳飲料，発酵乳，乳酸菌飲料及びクリームのうち紙，アルミニウム箔その他これに準ずるもので密栓した容器に収められたものにあっては，消費期限又は賞味期限の文字を冠したその日の表示をもってその年月日の表示に代えることができる．
原材料名	1　使用した原材料を次に定めるところにより表示する． 一　原材料に占める重量の割合の高いものから順に，その最も一般的な名称をもって表示する． 二　二種類以上の原材料からなる原材料（以下「複合原材料」という.）を使用する場合については，当該原材料を次に定めるところにより表示する．

図表 4-38　消費期限　賞味期限

食品表示基準 Q&A について　　第 2 章加工食品
平成 27 年 3 月 30 日　消食表 140 号　消費者庁食品表示企画課長通知

加工-16　消費期限または賞味期限の設定は，食品等の特性，品質変化の要因や原材料の衛生状態，製造・加工時の衛生管理の状態，容器包装の形態，保存状態等の諸要素を勘案し，科学的，合理的に行う必要があります．このため，その食品等を一番よく知っている者，すなわち，原則として，
　　①輸入食品等以外の食品等にあっては製造業者，加工業者または販売業者が，
　　②輸入食品にあっては輸入業者が責任を持って期限表示を設定し，表示することになります．……
加工-17　……表示責任者において，客観的な期限の設定のために，微生物試験，理化学試験，官能試験等を含め，これまで商品の開発・営業等により蓄積した経験や知識等を有効に活用することにより，科学的・合理的な根拠に基づいて期限を設定する必要があります．
加工-22　客観的な項目（指標）に基づいて得られた期限に対して，一定の安全を見て，食品の特性に応じ，1 未満の係数（安全係数）をかけて期間を設定することが基本です．……

間違いのないよう印字します．食品に表示すべき項目のなかで，期限表示は"工場が生産の度に印字しなければならない"，かつ"重要な情報"のため，ミスをしない管理がとても重要になってきます．

食品表示基準 第三条中の「次の表」は**図表4-37**を参照ください．

なお，参考までに「次の表」の上欄・下欄とは，左欄・右欄を意味し，例えば，「次の表」の最上段の上欄は「名称」，次の表の下欄は「1 その内容を表す一般的な名称を表示する．‥‥」が記載されています．

また，「別表第四」とは「食品表示基準 第三条関係の別表第四」です．食品表示基準でご確認ください．

(1) 期限設定の考え方

期限については，製造業者，加工業者または輸入業者が"科学的・合理的な根拠"に基づいて「期限」と「安全係数」を設定し，表示期間を決定します．ある商品が微生物試験，理化学試験，官能試験などで，16ヵ月間が真の賞味期間であることを確認したとします．安全係数を0.8とすると，

$$16 \times 0.8 = 12.8$$

となり，小数点以下を切り捨てて「12ヵ月」を表示の賞味期限とします．尚，安全係数は1未満でなければならず，一般的に0.8以下が使われることが多いようです．

(2) 期限表示を正しく印字する

委託生産をしている場合，複数の会社から委託された製品を生産するため，印字は生産品によって異なります．重要なのは「今日の生産品の期限印字やロットは誰が決め，指示しているのか」「どのように印字の正誤チェックをしているのか」ということです．そのため，正確で読みやすい印字のために「賞味期限印字機操作手順」を作成し，印字の正誤や明瞭度を2人あるいは3人でチェックする体制を構築します．そし

て，印字不良の例や「賞味期限印字の限度見本」と照らし合わせ，正しく，明瞭に日付印字されたら「○○包装日誌」にその記録をします．外装の段ボールにも印字しますので，同様に外装用の手順と記録を整備する必要があります．

　さらに，品質管理部署検査分析担当者が，該当月ごとの賞味期限日付やロット番号を表にした「期限表示指示書」を作成し，現場に周知徹底します．その進め方は，例えば，以下のようになります（図4-39の組織図参照）．

　①品質保証部署の長の承認を得た「期限表示指示書」を各現場に配布します．1課1係長はその「期限表示指示書」を職長に手渡します．職長は生産現場の作業者DとEに手渡します．

　②作業者Dは「期限表示指示書」に従って包装機の印字をセットし，試し印字をして日付が正しく，明瞭に印字できたことを確認します．

　③作業者Dは「期限表示指示書」から"当日の印字部"を切り抜き，「○○包装日誌」の所定欄の上段に貼りつけます．また，包装品の"当日の試し印字部"を切り取り，「○○包装日誌」の所定欄の下段に貼りつけます．大切なのは「日誌の所定欄の上段と下段に貼りつけられた日付，およびロット番号が一致している」ことを確認して，「○○包装日誌」の印字確認欄に「○」，あるいは「合」を記入します．

　④これを別の作業者Cがチェックすることでダブルチェックになり，さらに，日誌を職長が確認することでトリプルチェックになります．1課1係長は翌朝，日誌を確認します．

　⑤作業者Eは，外装印字機で同様な作業とダブルチェックをし，確認結果を「○○外装日誌」に記録します．このようにして，期限表示のミスをなくしていきます．

(3)　日付印字作業の形骸化に注意

　"賞味期限を誤表示している"というクレームがありました．当日の日誌を確認すると，「期限表示指示書」の「当日の印字部」と，切り抜

いた当日包装品の印字部は「包装日誌」の所定の箇所に貼ってありましたが，なぜか，両者の日付は一致していませんでした．担当者へ聞き取り調査をしたところ，いつの頃からか「『期限表示指示書の当日の印字部』と『本日最初の製品から切り取った日付』を日誌に貼り付ける」ことが仕事で，「両者の日付の正誤確認が仕事」とは思っていなかったことが判明しました．

　これは，日々の作業の繰り返しのなか，本来の作業の目的を伝え，最重要点の意識付けをすることがおろそかになってしまい，ただ漠然と継承業務をこなすだけになっていた結果です．

　"ただ指示された作業を実施"して日誌に「実施した」という意味で「✓」を記録する仕事と，"指示された作業の結果が「合格，あるいは不合格」なのかを判断"して「合，あるいは不」を記録すべき判断作業なのかを区別して，作業者に意識づけた教育・訓練が必要です．「期限表示印字ミスは"法律違反"です」ということを，しっかり教育・監督していく必要があります．

4.5　一般衛生管理を担保する組織と文書

　一般衛生管理が確実に運用されるためには「組織図通りに人が動く体制」と，「文書・記録管理体制」という2つの条件が整う必要があります．

4.5.1　組織図の機能通りに人が動く体制とは

　ここでは，組織について考えてみます．

　図表4-39の組織図を使って解説していきます．生産工場では「合格品を生産し，合格品のみを出荷する機能」だけではなく，「不適切な状態を改善し，その改善効果を確認する機能」も必要です．

　機能組織図とは，「組織の部門の編成，職位の相互関係や責任と権限の分担，指揮，命令の系統などが一目でわかるようにしたもの」です．

4.5 一般衛生管理を担保する組織と文書   193

当然，機能組織は役割分担が見え，それぞれに権限と責任が見えてくる．機能組織図はそういうものと思います．トップの方針・組織の目標に沿って，各々が定められた仕事を正しくこなし，かつ変化や異常があ

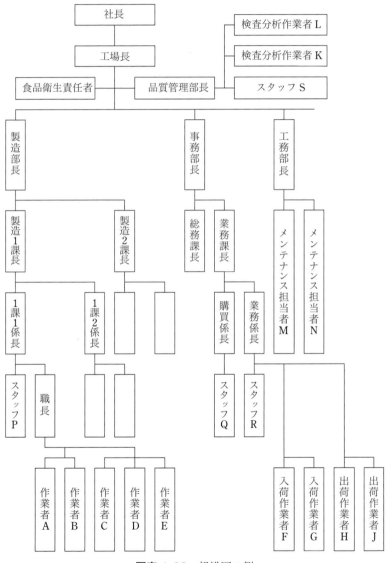

図表 4-39 組織図の例

ればきちんと"権限と責任のある者"に報告され，判断者が指示した通りのことを担当者が遂行できる―これが，目標を達成するための「機能組織」と思います．

　食品事業者によって経営規模の大小はありますが，「工場長→製造部長や事務部長→各課長→各係長→各ラインのスタッフ・責任者→各ラインの作業者」へと指示が下りていきます．現場からの報告であれば，それとは逆方向に動き，機能する必要があります．経営規模が小さいと一人がいくつもの役割を兼任した組織となりますが，兼任であっても"その時々に応じた責任と権限で判断"，"指示"，"対応"をしていけばいいのです．

　ある訪問先では，製造部長は品質管理部長を兼任していないのにもかかわらず，製造部長が「クレームが多いのは・・・・品質管理部の働きが・・・・」「良品率上がらないのは・・・・品質管理部の働きが・・・・」などなどと品質管理部署の長を叱っていました．「組織がどうなのか」，「責任分担はどうあるべきか」が分かっていないのだなと思いました．

　下記「組織の動き方の例」でもわかる通り，大切なことは伝え方ではないでしょうか．「誰から，誰に」のように"伝達ルート"も重要ですが，『何を，いくつ，どうするか』を正確に伝達する（必要なのは"伝達内容あるいは指示内容"），口頭ではなくメモなどで伝え，『間違いなく実施される，あるいは必要に応じて実施の確認をとる』などが大切です．

（1）　組織の動き方の例：異常発見から再検査まで（図表4-39）

　品質管理部の検査分析作業者Lが1課1係のA品に異常を発見しました．そのことは直ちに品質管理部署の長に報告され，品質管理部署の長が「再検査が必要だ」と判断しました．その際の指示・指揮系統は次のように動いていきます．

　・品質管理部から現場への指示

　品質管理部署の長は製造部長と事務部長に「1課1係の×月×日生産のA品は再検査結果が出るまで製品を保留」を指示します．重要度に

よっては社長にも「製品の保留を指示した」ことを報告します.

・生産現場内での指示伝達

製造部長は製造1課長に，製造1課長は1課1係長に，1課1係長はスタッフPと職長に「1課1係の×月×日生産のA品に異常を発見，再検査結果が出るまで保留となった」ことを連絡します．場合によっては，製造部長が関係者を集めて連絡することもあります．1課1係長，スタッフPと職長には，「×月×日生産のA品の異常の原因調査，異常範囲の特定，ライン中の対象品を漏れなく保留すること」を指示します．

・対象品の保留

事務部長は業務課長，業務係長を通じて出荷作業者H，Jに「製品倉庫内の対象品を保留する」よう指示します．

1課1係のスタッフP，職長，当該ラインの作業者A，Bは異常について調査し，「A品の異常の原因とその範囲」を1課1係長や製造1課長，製造部長，品質管理部長に報告します．スタッフPと検査分析作業者Lは，異常範囲とその前後の製品のサンプリングを実施し，品質管理部で再検査を始めます．

(2)　再検査から出荷停止品の隔離，再発防止まで

・再検査の結果

再検査の結果，品質管理部署の長は「×月×日の×時～×時までに生産した1課1係のA品を出荷停止します．」と判断したとします．重要度によっては社長にも報告し，承認を得ることになります．ここで注意すべきことは，せっかく発見した不合格品を誤使用，誤出荷させないことです．

・出荷停止品の識別と隔離

"再検査で不合格と判定されたもの"と"異常範囲外で合格なもの"を確実に隔離する必要があります．その隔離作業の際には誤出荷がないよう，対象品の保留範囲と隔離方法をメールや指示書などで伝達しま

す．口頭連絡はいけません．必要に応じて隔離作業には品質管理部ス
タッフSが立ち会うべきです．

また，不合格品の処置方法が決まり，処分する作業にも品質管理部ス
タッフSが立ち会うのが望ましいでしょう．

・再発防止策

品質管理部は，対策実施後，実施状態と効果を確認し，対策が適切
だったかを判定して再発を防止します．

(3) 経営者層による機能の確認

・機能した証拠を残す

一連の対応については製造部と品質管理部とで報告書を作成し，記録
として残します．

以上のように組織の大小によらず機能するよう，日頃から指揮命令系
統をきちんと意識付けしておく必要があります．

4.5.2 文書および記録の管理

「文書」「記録」については，すでに該当箇所で必要な文書名がいくつ
も登場していますが，これまでと重複する部分もありますが，少し説明
を加えます．

組織の活動は「規程」「規格書」「手順書」などに定め，「記録」とし
て活動の証拠を残さなければなりません．「文書」と「記録」の例を**図
表4-40**に示しました．「手順書」があれば，対になって「記録」があ
ることが望ましいです．また必要に応じて，判断の基準となる「限界見
本」があることが望ましいです．

(1) 「文書」と「記録」

「文書」と「記録」には，それぞれ「文書管理手順」と「記録管理手
順」が必要で，それによってどのように管理するのか，その方法を定め
ておきます．

4.5 一般衛生管理を担保する組織と文書　　**197**

図表 4-40　文書と記録（例）

文　　書		記　　録
1	文書および記録の管理手順	1　文書配布記録 　更新文書差し替え記録
2	○○製品規格書	
3	○○の原料および包材等の規格書	
4	○○生産ラインの工程管理フロー	
〈○○生産に関する作業手順と記録〉		
5	受入検査手順	5　原料受入検査結果，包材受入検査結果
6	○○原料仕込み手順	6　○○原料仕込み記録
7	○○成型手順	7　○○成型日誌
8	○○裸品選別手順	8　○○裸品選別日誌
9	○○裸品選別基準や限界見本	
10	○○包装手順	10　○○包装日誌
11	○○包装品選別基準や限界見本	
12	賞味期限印字機操作手順	
13	賞味期限印字の限度見本	
14	金属検出機操作手順	14　金属検出機操作記録
15	金属検出機機能チェック手順	
16	重量選別機操作手順	16　製品重量選別機操作記録
17	重量選別機機能チェック手順	
18	○○外装手順	18　○○外装日誌
19	外装重量選別機操作手順	19　外装重量選別機操作記録
20	外装重量選別機機能チェック手順	
21	外装賞味期限印字機操作手順	18　○○外装日誌
22	外装賞味期限印字の限度見本	
〈品質管理部署による○○の品質基準と記録〉		
23	微生物検査	23　○○品質検査記録
24	製品重量検査	（本書では一品一頁に記録する
25	官能検査	として No.23 とする）
26	賞味期限印字チェック	
27	出荷検査手順	27　出荷判定記録
28	控え見本保管手順	28　控え見本検査結果
〈出荷に関する手順と記録〉		
29	出荷手順	29　出荷記録
30	荷室・コンテナ内点検手順	30　荷室・コンテナ内点検記録
〈不合格品取り扱いに関する手順と記録〉		
31	不合格品取り扱い手順	31　不合格品取り扱い記録
32	不合格品の処置手順	32　不合格品処置記録
〈クレーム処理手順と記録〉		
33	クレーム処理手順	33　クレーム報告書
34	是正処置手順	
〈回収のための手順と記録〉		
35	回収手順	35　回収実施記録
36	是正処置手順	36　是正報告書
〈教育訓練の手順と記録〉		
37	○○年度教育訓練年間計画	37　○○年度教育訓練年間実施記録
38	従業員の衛生教育	
39	○○原料仕込み手順他各手順書	39　作業トレーニング実施記録

まず,「文書」については"どのような媒体を用いるのか"を明確にします. 例えば,紙媒体とするのか電子媒体とするのか,あるいは併用するのか,などということです.「文書」には図面やイラストなども含みます. 文書や記録については"どの部署の誰が,いつ作成した何版目"か,"誰が承認した"文書なのかを明確にすることが大切です.

(2) 外部文書など

「外部の組織が文書化した情報」が外部文書です. 法規,業界団体文書他,自社では決めることのできない領域の文書であり,事業者が営業する限り必ず従わなければならない文書です. 定期的にその内容を確認し,必要に応じて差し替えなどの外部文書管理をしなければなりません. もちろん,自社作成の文書体系の上位文書です.

(3) 「文書」と「記録」の違い

① 文書

生産工場における「文書」は「物事や作業をどのように行うかを記述したもの」であり,工程や技術,状況が変われば改訂が必要になります.「文書」は"廃棄"または"無効"にしない限り有効であり,すぐ取り出せるように管理します. 改訂が必要な場合は「更新文書」を作成し,"新・旧版差し替え(最新版管理)"で維持していきます.「文書」は,"必要な者に,必要な文書"を配布し,必ず旧版を回収します.

ただ,製品開発時や技術知見に関する文書は無期限保存も必要です.

なお,"文書更新の承認者"は,特別な事情がない限り,"旧文書を承認した者"あるいは前承認者と同じ権限を有する者が行います.

ある事業所で,A製品のある基準値を複数のスタッフに質問したところ,人により数値の認識に違いがありました. 原因は,それぞれのスタッフが新旧異なった版の「製品規格書」をコピーで個人所有していたためでした. これでは作業現場への指示や客先への対応がバラバラになってしまい,製品製造や信頼性に大きな影響を及ぼしてしまうおそれ

があります.

② 記録

「記録」には二つの面があります.

・作業結果を記入する前（まだ使用していない），例えば，「〇〇作業日報」は「文書」です.

従業員に「作業内容」「生産中の制御条件」「製品の合否検査と合否判断」などを指図するものであり，規格変更があれば改訂します．その意味では，"未記入（未使用）の記録"は責任ある立場の人の「承認」が必要です.

・「〇〇作業日報」に作業結果を記入した途端，「記録」になります.

従業員が指示された「作業内容」「生産中の制御条件」「製品の合否検査と合否判断」などを実行した証です．事業所の責任者は各記録で「作業が的確に実施され，合格品のみが次工程に流れ，あるいは合格品が製品化された」ことを「確認」するのです．「記録」には責任者の確認印が必要です.

(4) 「文書」と「記録」の保管

文書と記録は損傷，紛失などがないよう保管しなければなりません．また「記録」は生産活動の記録ですから，いつ，何の製品の，どのような作業なのかがわかり，必要な時にはすぐに取り出せるよう保管しておかなければなりません.

また，消費期限・賞味期限やPL法上などに応じて必要な保管期限を決めて保管し，期限を満了した時点で廃棄します.

(5) 取引先との重要な文書

取引先（あるいは生産委託元）とは製品規格書（製品仕様書）を交わすと思います．出荷判定では製品が必要な規格をすべて満たしているかを確認し，しかるべき権限者の承認のもと出荷します.

では，原料規格書（原料仕様書）や包装材料規格書（包装材料仕様書）などではいかがでしょう．例えば，「メーカー保証段階で『ハザードの減少・排除』ができているか」を確認していますか．「動物用医薬品及び飼料添加物の残留」や「硬質異物の除去」などです．これは危害要因分析の第一歩です．

また，「各規格書」は「受入検査」の基準を決めるものであり，「出荷判定」での判定要素にもなります．

定期的，あるいは規格変更のたびに更新していくことが大切です．

(6) 記録の注意点

① 記録は証拠

記録は，定められた「作業」や「検査」「判定」などを実施した証拠となるものです．仕込み作業で"各原料を投入した"などの記録なら「✓」と記録しただけでも問題はありませんが，金属検出機の機能チェックや包装状態チェックなどの検査作業の記録については，「合，否」，「良，不良」，「○，×」などと判定結果がわかるよう記録するべきです．

記録の記入は鉛筆ではなく，ボールペンなどの消せない筆記用具を使います．訂正は二重線で消し，修正者がサインします．ある事業所では"修正液で消し，上書き修正をした記録"を見ましたが，これでは「改ざんした」とみなされても仕方ありません．修正方法についても指導徹底が必要です．

また，作業日誌に報告なしでメモ書きするのは禁止です．工場巡視のおり，日誌の欄外に「今日の午前中の製品は大丈夫だったかな」とのメモを見たことがありました．不安だったらメモで終わらせず，上職者に報告すべきです．もし不安の通りに製品が不合格だったら，そしてそれが出荷されてしまっていたら，大変なことになってしまいます．

② 本当の責任者の確認印はどれ？

監査で「昨日の○○検査記録を見たいのですが」とお願いすると，

「今，工場長に回覧中です」と返事がありました．出荷はどうするのでしょう．不在などであれば，代行者が確認するべきです．

　記録には捺印欄はいくつもあるが，捺印は1つや2つで未捺印の欄もある．日誌のどれもこれにも工場長の捺印欄がある．確認印は責任の軽重で「どの記録はライン責任者印」「どの記録は工場長印」と分かれているべきでしょう．もし，工場長が工程管理の確認印を押印するならCCP工程と，出荷判定の最終承認印だけでもいいのではないでしょうか．

③　欠かさず記録するとよい事項

　毎日のちょっとした始業時・終了時チェックで防ぐことができる異物混入があります．

　例えば，計量器の日常点検結果で分銅を使用する場合の"分銅"や金属検出機やウェイトチェッカーの"テストピース"の有無などを作業の開始時と終了時に記録します．無くなって何カ月も気づかず，クレームで気づいたことがあります．もし無かったらラインの責任者に報告するよう指導すべきです．

④　日誌のコメント欄

　作業当日に発生した異常は，作業日誌のコメント欄に残します．「何時に，何が発生し，誰に報告し，ライン・製品をどうしたか」を記載します．何も異常がなければ「異常なし」と記入するよう指導します．空欄のままだと，異常があったのか，無かったのかが判断できません．製造部長が「何も報告がなければ，異常なしです」と言われても困ります．

　「・異常なし・異常あり」をコメント欄に記載しておき，どちらかに〇を付け，「異常あり」の場合は異常の内容も記入すると多少作業負担減になります．

⑤　すぐ記録

　稼働中のラインで，何気なく金属検出機の記録を見ると，前時刻の機能チェック結果が記録されていません．気づいた作業者が「機能チェックはしましたが，忙しくてまだ記録していません」と言いましたが本当でしょうか．

4.5.3　一般衛生管理をしっかり守ることが機能組織に威力を発揮

　第3章，4章をお読みになって，「そんなことわかっている」あるいは「そんなバカなことがあるか」などと思われた方も多かろうと思います．

　食品工場は「異物混入はダメ」「量目不足はダメ」「表示不良はダメ」「衛生的でないとダメ」・・・と"法的遵守事項"はたくさんあります．「おいしくない」「昨日と味が違う」「きちんと包装していない」・・・と取引先や顧客の要求事項や，事業者の自社基準と"守るべき事項"があります．

　作業は重要度でランク分けして手順化または手順書化し，必要に応じて「✓」「合，あるいは否」「異常なし」などの記録が必要です．作業のポイントをしっかり意識付けできる教育訓練が必要です．教育の効果確認を実施するべきです．その教科書は手順書です．例えば教育訓練では「金属検出機機能チェック作業」と「箱詰め作業」は指導レベルを変えていますよね．生産活動はまず手順，あるいは手順書通りに人が動かなくてはなりません．

〈特別寄稿〉

食品の品質について

江口　彰一

　大変恐縮ですが，私は食品の品質について寄稿するような，知識や技術そして実績等は持ち合わせておりません．ただ人との御縁と食品メーカーに長く勤務し，生産畑で仕事をさせていただいたという経験があるという事だけです．

　書籍および本題に対して負担，マイナスにならなければと念じつつ，何か少しでもお役に立てればという気持ちで記させていただきました．

　書きはじめは，太平洋戦争直後の何もなかった時代からとなります．

■ 人生のスタート

　私は昭和 16 年 8 月 9 日生まれです．太平洋戦争のはじまった年に生まれ，4 年後の 8 月 9 日は，長崎に原子爆弾が投下された日となりました．同月 15 日に天皇陛下の終戦の詔が発せられた月でもあります．そして，昨年の平成 28 年で 75 歳，後期高齢者となりました．

　太平洋戦争では，多くの人が亡くなり，日本中の主だった都市は皆，焼野原となりました．生きているという事をどう理解したらよいのか，物心ついた私の人生はそこからのスタートでした．

　千葉房総で育ちました．食生活は，幸運にも目の前が太平洋の海原，そして広々とした磯崎の幸，わずかな土地での野菜づくり，自然の野山からの山菜等，親の苦労はわかりませんでしたが，その収穫を手伝い，当時としては恵まれたものだったと思います．

　結果として自然食材食品の，自給自足のなかで育ったということにな

ります．「あれ食べたい」,「これ食べたい」という今の時代のような事は出来ませんでした．でも，新鮮な食材，家庭での味付け料理で，結果として素晴らしい食品品質管理がされていたと思います．冷蔵庫の無い時代であり，より気を使ったことでしょう．

■ 食品会社への入社と出会い

昭和35年に，食品メーカーに就職しました．会社の創始者との出会いや諸先輩との出会いに恵まれ，社会人としての第一歩を踏み出しました．田舎では見たこともない工場ですから，驚きと感動，感激，そして厳しさの連続でした．

「厳しさ」とは，人とのかかわりということではなくて，任された仕事の役割の大きさと，間違いなく，ミスなく時間と機械の流れに遅れないように生産する，その対応に責任を持つという自覚です．日々，周囲の従業員と協力し合い，生産活動を通じて実践教育をされてきました．職場全体，工場全体が同じ価値観でルールが身に付く感じでした．

一般的に品質の良い商品づくり，そのための品質管理といわれる内容は，日々の活動の中で当たり前に組み込まれており，全ての工程で確保されていくものだと思います．そこには甘え，妥協は一切ありません．まず入社1年目で強烈に体験した出来事を3件紹介致します．

(1) 貴重な原料をダメにしたこと

その時私は，マヨネーズを生産する担当をしていました．準備してある各種原料をミキサー室に集めてミキシングする役目です．ある日，マヨネーズの原料で一番肝心の卵黄の入った，ステンレス製のバケツ1杯（15 kg）を転倒させてしまいました．大変な失敗です．あわててその卵黄を手で掬い取り，バケツに戻しました．もったいなくて何とかして使えないものか，何とか使えるような処理方法，考え方はないものかと上司に相談しました．しかし一度床に落ちた卵黄はいかなる方法で処理し

ても食する原料にはならない，ということでした．

　大きなショックでした．床には直接触れないように，表面より掬い取ったつもりでも，床は一番汚れている場所であり，固体原料であれば洗い流して異物を取り除くことも可能かもしれませんが，流動原料であるので上司の言葉に納得するしかありませんでした．

　私にとって卵というものは，子供の頃には月に1回か2回，1個の卵を兄弟4人で分け，ご飯にかけて食べていた大変貴重なものだという認識があり，卵黄は高価な原料と思っていましたので，自分のしたことが何とも情けなく，消え入りたい気分でした．

(2)　ストレーナーの金網の破れを見つけた時

　マヨネーズは流動体であるために，全てステンレス製の網目の細かいストレーナーで濾過しています．万一の異物混入防止対策として，食品メーカーの流動物の作業では，どこでも実施していることと思われます．その取扱い管理方法をきちんとしていれば，問題は発生しないという前提ですが，万一異常が発生し確認された場合は，企業毎に独自の対応をし，商品に対して品質の判断・処理をしていると思います．

　私の経験したことですが，当時ストレーナーの点検は8時，10時，12時，15時，作業終了後に，異物混入はないか，ストレーナーの針金の網目に異常がないかどうかを確認する作業がありました．ある日の作業で，15時の点検では問題はなかったのですが，作業終了時の点検で，針金が一本切れていました．よく見ないとわからない程でしたが，針金が曲がって穴が開いていたのではありませんでした．ひび割れ状でその結果，15時から作業終了までに完成した商品は全て出荷不可となりました．

　商品の中身を一度もとに戻して，再度濾過すればという考えもありましたが，さらなる異物混入の危険性，そして針金の切れた部分の金属片を完全に除去する事は出来ないという判断であったと覚えています．

（3） ミキサーの中へ眼鏡を落としてしまったこと

　マヨネーズを仕上げるミキサーの取り扱い中，出来上がったマヨネーズの様子を確認するために，ステンレス製の蓋を開けた時，かけていたメガネにぶつけてしまい，製品の中にメガネを落としてしまったことがありました．メガネのガラスが割れていて，破片は細かくて濾過の仕様がないというのが決まりで，360 kgのマヨネーズを廃棄処分としました．

　この三つの失敗はいずれも入社1年目のことです．私だけではなく，食品会社にお勤めの皆さんなら，入社時には大なり小なり経験されてきたことと思います．私がここで思い返しながら皆さんにお話ししたいのは，こうした失敗をした時の対処もそうなのですが，職業人としてどうあるべきか，ということなのです．

　今思い返しても不思議な気がするのですが，こうした失敗で，わたしは叱られる事はありませんでした．私は，失敗の都度，「申し訳ありませんでした」と心よりお詫びし，二度と繰り返さないための反省と原因追及をして報告をしました．今でも覚えていますが，申し訳なさが過ぎて（3）の時には自分の反省を込めて，始末書を提出しました．新入社員としての1年目，世の中の常識も知らない就職難の時代でした．

　その他，小さな失敗は覚えていませんが，本当は叱られたり，またクビになったりするのではないかとの恐怖はあったと思います．しかし，思い出すのは，ショックを受けている私を慰め，頑張れよと励ましてくれた先輩の優しさの方が記憶にしっかりと残っています．

　この私にとって強烈すぎる経験が，本能的に食品に対する品質の厳しさを植え付けたと，今ではありがたく思っています．

（4） 失敗を通して学んだ事

　（1）の失敗：商品は絶対に品質を確保するものである事，不安な原料は使わない，そのような商品は販売してはならない．

　（2）の失敗：品質の確保には損得で判断せず，何が正しいのか，ど

〈特別寄稿〉食品の品質について　　**207**

うすることが本当かを優先する.

　(3) の失敗：お客さんには商品を安心して使って, 食していただく.

　この会社に勤めて, 自分の考えていたそれまでの判断, 価値観がいか
に未熟であったかと思い知りました. 人間としての未完成を自覚させら
れ, 同時に感動を飛び越えて心身共に真白になったような感覚をいまで
も覚えています. このような出来事と判断が, 私の失敗だけに限らず社
内全体で発生し, そして日々生産活動が行われていきながら, 確固たる
品質第一の企業文化が出来上がっていたのだと思っています.

　失敗に至る原因はいくつも重なっているものです. 心は自らの是非を
知っています. その省察にあたっては, 自らの心にその是非を曇らせる
潔さがあるかどうかを見つめることは, 大切だと思っています.

■ ベビーフード（離乳食）を任される

　入社時の失敗を教訓に日々励んでいたある日,「ベビーフードをやっ
てくれないか」と声がかかりました. 20 代半ばのことです.

　〜「食の原点は赤ちゃんにあり」〜

　赤ちゃんとは,

- ・母親のお腹の中で育つ
- ・出産後は母親の母乳で育つ
- ・完全に無菌の栄養物を吸収して育つ
- ・大人が食している食材食品に切り換わる

　すべてに抵抗力の弱い赤ちゃんに, 食してもらい, 大人への健康の基
礎作りをしていく橋渡しの役割をする商品がベビーフードです. マヨ
ネーズの生産を通して仕事とは, 品質とは, を学んできて, その大変
さ, 難しさの入口の経験しかしていない人間が, ベビーフードの生産を
任命されるとは考えてもいなかったので, 逃げ出したい気持ちでした.

しかし，男として逃げずに，この経験が生産人としての財産となり，大きく成長させてくれる仕事と受け止め，全力を尽くし，さらにその上の努力を考え行動する事を覚悟して，引き受けることを決断しました．

創始者の食に対する哲学をもってして，この事業に関わる決断をしたわけです．赤ちゃんの生命，成長，健康に対して責任を持って，その役割を果たし貢献していく覚悟をしたという事だと思います．そしてその意を受けて実務を果たすという事は，従来学んだ以上の安全な商品作りをしなくてはなりません．トップの哲学とそれを信じて実行する従業員，その一体感があってこそ，人の生命と健康の基礎作りに関わることを認めていただき事業活動ができるという事だと思います．

私は「ベビーフード」の立ち上げに携わったので，責任者として学んだことを以下に書いておきます．

① 品質管理は，人質管理がおおもとに無くてはなりません
② 食品に関わるという事は，人の生命と健康確保向上に関わるということです
③ 何事も責任追及ではなく，原因追求をし，再発防止に全力を尽くすこと
④ 謙虚な心を持って事に当たること
⑤ 品質管理課とか品質保証部とかは，管理，管理とかけ声高らかにして，雰囲気だけを作ってはいけません
⑥ ルール，マニュアル等は，暖かい血が流れているものでなければ，現場は動きません
⑦ 生産に携わる方々は，その使命感と誇りを持って従事してください
⑧ そして経営としての品質，すなわち経営が成り立っていなければなりません

そのための「創意工夫」，皆で知恵を出していきましょう．ちなみに，その会社では，当時，名刺に肩書はなくて，みんな「～さん」づけで呼び合っていました．

〈特別寄稿〉食品の品質について **209**

　もう一つ思ったことは，品質のレベルは経営トップの姿勢で全てが決定するのではないかということです．従業員はその覚悟に学び，実行する，そのように感じます．

　私は，「品質には一切妥協しない！」という事を20代に経験し，学ばせていただき，その時その時の判断，決断，覚悟の真意は鮮明に全身に沁み込んでおります．ブレる事はありません．

　その理由を考えてみると，素晴らしい創始者に出会い，その哲学を学び，体験を通して素晴らしい方々に出会い，仕事を通して私の人間形成の道案内をしていただいたという思いがこみ上げてきます．今の私がこうしてあるのは，そうした方々のお蔭です．今は感謝のみです．

　今の人にとってみれば古いと思われるかもしれませんが，いかに受けた人の恩に報いるか，少しでも何かに役立つ事で恩に報い，人生を楽しみたいと思っているこのごろです．

■ 終わりに－この世の中「存外公平」

　何故，このような企業体質なのか，それをつまびらかにした書籍があります．

　ここまで書いてきて，私の入社した会社がお分かりの方も多いと思いますが，キユーピー株式会社です．創始者は中島董一郎氏です．

　戦後，操業したくても，良い原料がない，闇での入手は品質が悪いという事で，会社は操業ストップ．さていよいよ操業スタートするにあたり，そこで採用された人が藤田さんでした．

　創始者，中島さん63歳，中島さんの息子雄一さん，新卒採用の藤田さん22歳，他1名，計4人で昭和23年スタートされたとの事（多少の数字の誤差はご容赦下さい）．多分この記事は，昭和20年代，藤田さんが20代で，中島さんとの話し合いを，藤田さんが50年後に記したものです．その内容が全てを物語っていると感じる所です．

　私も20代の時に感じ学び実行してきた事，50年前の出来事です．こ

れで納得しました．

　＜以下に私の師の一人である藤田近男氏（元キユーピー社長）の書籍から少し引用します＞

わが人生航路　世の中「存外公平」

　　　著　者　藤田近男
　　　発行所　日本食糧新聞社

　　先代からの教え
　　　　あり方　あらせ方
　　　　　あらせ方の大切さを教わる

　先にも書きましたが、私は入社以来、よく失敗しました。私は何か失敗した時、まず「中島さん、大変申し訳ない事を致しました」とお詫びをする。すると先代は相当大きな事故か、倒産にあったのかと思われ「あなた、何をしましたか」と目を据えて聞いてこられる。私が報告すると「なんだ、その程度のことですか、そんなに心配するほどの事ではありません」とおっしゃって大きな問題にされなかった。

　ところが、私よりもずっと小さな失敗しかしていない人が、大きな声で長時間叱られている事がありました。

　そこで私は先代に「私はあんなに大きな失敗をしているのに、あまり怒られず、わずかな失敗しかしていない人が怒られるのは何故ですか」と訊ねると、先代は「あなたが私の所に謝りに来た時の姿勢は「大変申し訳ないことをしてしまいました。二度と同じ失敗は繰り返しません。という顔つきでした。あなたの過ちが会社の命運を左右するようになっては困りますが、深く反省しているあなたに、何故それ以上注意する必要があるのですか」というお答えであった。

〈特別寄稿〉食品の品質について

「ところがあの人はあなたの何分の一かの失敗しかしていませんが、本当に『悪かった』という気持ちになっていません。あのままにしていたら再び大きな失敗を起こします。だから私は声を大きくして叱るのです」とおっしゃったのです。

失敗した時はまず反省をし、その反省の結果を持って、お詫びと報告をするという事が正しい叱られ方であるという事を、日常の仕事を通して教えられたのである。

と記載されております．

先代から教えられた藤田さんは，あり方，あらせ方を，組織をもって実践し企業としての最優先事項である品質の向上と安定化をグループ企業全体に浸透され，さらにこれで良しという事ではなく，追求し続けていく，その事が存続，継続していく企業としての最低条件とされておられたと思います．

私も「なぜ，なぜ」と思う所がありましたが，藤田さんの書籍に出会い，納得しました．入社から50年，既に職責は離れましたが，何ら衰える内容ではなく，新鮮な気持ちで50年前の出来事を勝手ですが記させていただきました．決して教えよう，指導しよう，これが大切ですよという気持ちはありませんので悪しからず．私見という事でご理解ください．

最後に，戦後建てられた工場に掲げられていた訓示です．食品づくりの精神の一端を示す内容です．これをお示しし，私の寄稿を締めくくらせていただきます．

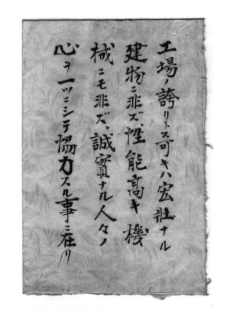

工場ノ誇リトスベキハ宏壮ナル建物ニ非ズ，性能高キ機械ニモ非ズ，誠實ナル人々ノ心ヲ一ツニシテ働力スル事ニ在リ

(2017年1月)

付録1

食品安全に関する法律体系

　食品安全にかかわる法律に従うことは，食品安全経営の最低限の対応です．食品にかかわる法律の全体像を**図表1**に示します．法律としては，ここに示す10種類の法律です．

　「食品安全基本法」は，食品行政の基本を定めたものです．経営者は一度，目を通す必要があります．また食品安全経営の視点で特に重要な法律は，「食品衛生法」と「食品表示法」です．ここで注意したいのは，"法律"というのは法律本体だけではなく，その法律に基づいた数々の政令，省令，規則，通達，都道府県条例等すべてを含むということです．

　図表1の食品衛生法を見ると，その下に数々の法律等が含まれていることがわかります．「食品衛生法」は国会で議決されるものですが，これと関連して，内閣が定める政令である「食品衛生法施行令」，所轄省庁が定める「食品衛生法施行規則」「乳等命令（2024年4月1日より「乳等省令」から変更）」があります．その下には，具体的な運用規則を定めた数々の通達，指針等があります．「都道府県条例」でも法や規則を参酌した上で，必要な規定を定めることが出来ます．このように複数の法律で食品安全にかかわる一般的な衛生管理や公衆衛生上必要な措置について基準が定められています．更に法律

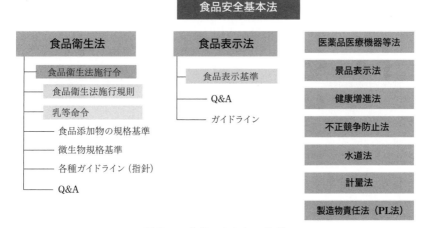

図表1　食品にかかわる法律

では，食品事業者にこれら基準に従う事に加え，HACCP に沿った衛生管理，つまり自ら計画を作成し管理に取組むことを定めています．しかし，食品・事業所ごとに特性が異なるため，取組む衛生管理は個々に異なります．そのため，小規模事業者の負担軽減のために厚生労働省が内容を確認した「業種別手引書」を食品事業者団体が作成し，行政でも公開しています．手引書は法律ではありませんが，事業者は衛生管理に取り組む際に参考にする必要があります．食品事業の経営者は，これらの自社に関連する法律体系についてすべて熟知している必要があります．

これ以外の「医薬品医療機器等法（旧薬事法）」「景品表示法」「健康増進法」「不正競争防止法」「水道法」「計量法」「製造物責任法」は，その条文の一部が食品安全経営に関係しています．以下に，それぞれの法律について，食品安全経営に関係する部分について述べていきます．

（1） 食品安全基本法

この法律は 2003 年に「食の安全性の確保を図る」という目的でできた法律で，「行政や事業者は常に消費者視点で食品安全を担保しなければならない」という基本的な考え方が定められています．

そもそも "基本法" とは，憲法と個別法の間をつなぐ，いわゆる親法としての位置付けです．日本の法制度では，教育基本法，科学技術基本法，中小企業基本法など約 50 の基本法がありますが，2003 年に食品安全基本法が制定されたということは，食品安全が国の最重要課題と位置付けられたことを意味しています．食品安全基本法の制定直後に，それまで食品安全を担っていた個別法の食品衛生法は，過去最大規模の改正が行われました．このように，2003 年を境に，日本の食品安全に対する捉え方は法制度の面からも大きく変化したことを認識しなければなりません．

食品安全基本法では，食品関連事業者の責務として，①食品の安全性の確保について第一義的責任を認識し，必要な措置を講じること，②正確かつ適切な情報の提供に努める，③国等が実施する施策に協力する，といったことが求められています．

（2） 食品衛生法

食品衛生法の目的は，「食品の安全性の確保のため公衆衛生の見地から必要な規制その他の措置を講ずることにより，飲食に起因する衛生上の危害の発生を防止し，もって国民の健康の保護を図る」こととされており，日本の食

品安全行政において最上位概念である法律です．食品衛生法では，「有害あるいは不衛生な食品および食品添加物の販売禁止，不衛生な器具容器包装の使用禁止」「未許可食品添加物の販売禁止」「都道府県等による監督指導」「検査命令および検査機関」「営業許可，衛生基準，施設基準の順守」等，食品安全にかかわる具体的な内容が示されています．管轄官庁は厚労省と消費者庁ですが，2024年4月1日には整備法（生活衛生等関係行政の機能強化のための関係法律の整備に関する法律）が施行，食品衛生基準行政が厚生労働省から消費者庁に移管され，各々の役割が変更されました．実際には地域の保健所が運用と指導監督に当たります．食品安全にかかわる内容に違反，または違反の恐れがある場合，事業者は食品回収を行い，回収したことを行政に届出る義務があります．回収や届出を行わない場合は命令などの行政処分の対象となります．

①　罰則と行政指導

食品衛生法の罰則規定を**図表2**に示します．この罰則規定は，「故意」の場合に適用されます．罰則が適用されない場合は，行政処分の対象になります（**図表3**）．行政処分は，条文に応じて「廃棄命令」「営業許可の取り消し」「期間を決めた営業の禁止（営業停止処分）」「改善命令」の対応が定められています．一般に，これらの決定は輸入品を除いて都道府県知事・政令指定都市市長が行います．

また，行政処分とは異なりますが，「違反者の名前を公表する」という措置をとることもできます．これも，都道府県知事，政令指定都市市長が行います．なお，都道府県知事・政令指定都市市長が行うということは，すなわち各地方自治体の保健所が対応するということを意味しています．

②　食品衛生法の法体系とその実例

「食品衛生法違反」といった場合，食品衛生法本体だけではなく，**図表4**に示す，関連する法体系も含みます．国会で議決される最上位概念の食品衛生法本体には，政令である「食品衛生法施行令」，命令・省令である「食品衛生法施行規則」が定められています．また，その下に消費者庁や厚労省の各部局等が規定する，規格基準，ガイドライン，Q&Aなどが定められています．

ガイドライン（指針）やQ&Aは規則などで定めた内容について考え方や目標を示すものですが，法令解釈や判断基準にもなっています．そのため，

216　　　　　　　　付録1　食品安全に関する法律体系

図表2　食品衛生法の罰則規定

条文	罰則	対象条文	対象条文内容
81条 (88条)	3年以下の懲役， 300万以下の罰金 法人について 1億円以下の罰金	第6条 第7条①～③ 第10条① 第12条 第59条①，② 第60条	食品等の有毒有害物質を含むものの販売禁止 新開発食品等の販売禁止 病肉等の販売等の禁止 指定外添加物の販売等の禁止 廃棄回収命令等違反 営業許可の取消，営業の禁停止命令違反
82条 (88条)	2年以下の懲役， 200万以下の罰金， 法人について 1億円以下の罰金	第13条② 第13条③ 第19条② 第20条	基準・規格外の食品又は添加物の販売禁止 基準を超えた農薬等残留食品等の販売等禁止 表示基準違反食品等の販売等禁止 虚偽誇大な広告等の禁止
82条	2年以下の懲役 200万以下の罰金	第16条 第55条①	有害有毒な器具・容器包装の販売等の禁止 無許可営業
83条	1年以下の懲役 100万以下の罰金	第10条② 第11条 第18条②，③ 第25条① 第26条④ 第63条① 第9条① 第17条① 第40条 第54条 第55条③ 第61条	獣畜の肉等輸出国証明添付違反 重要工程管理の未措置食品・添加物の輸入禁止違反 規格基準外器具等の販売禁止 不良器具等の販売禁止 命令検査無結果食品等販売等禁止 食中毒時の医師届け出義務違反 特定の食品及び添加物の販売，製造，輸入等の禁止 特定の器具及び容器包装の販売，製造，輸入等の禁止 登録検査機関役員等の守秘義務違反 営業施設基準違反 営業許可条件違反 施設改善命令等違反
84条		第43条	登録検査機関業務停止命令違反
85条	50万円以下の 罰金	第28条① 第27条 第48条⑧ 第57条① 第58条① 第46条②	臨検検査拒否等，報告拒否，虚偽報告 輸入の未届・虚偽届 食品衛生管理者の未届・虚偽届 営業届け出義務違反 食品回収届け出義務違反 登録機関と紛らわしい名称使用
86条		第38条 第44条 第47条①	検査機関の休廃止の未届 登録検査機関の未記載・虚偽・未保管 登録検査機関の報告の徴収・立入検査の拒否
87条	各本条の罰金	第48条③， 第81～第83	食品衛生管理者の監督義務違反
89条	20万円以下の 過料	第39条	財務諸表記載義務違反（登録機関）

①，②，③はそれぞれ，第1項，第2項，第3項を示す

付録 1　食品安全に関する法律体系　　　**217**

図表 3　食品衛生法違反の行政処分等規定

条文	行政指導内容	対象条文	対象条文内容
60 条	営業許可の取り消し，営業の全部または一部を禁止期間を定めて停止（知事）	第 6 条	食品等の有毒有害物質を含む，不衛生なものの販売禁止
		第 8 条①	指定成分等含有食品の届け出
		第 10 条	病肉等の販売等の禁止
		第 11 条	重要工程管理の措置が講じられた食品又は添加物以外の輸入の禁止
		第 12 条	指定外添加物の販売等禁止
		第 13 条②，③	規格基準外食品等の販売禁止
		第 16 条	有害有毒な器具・容器包装の販売等の禁止
		第 18 条②，③	規格基準外器具又は容器包装の製造
		第 19 条②	表示基準違反器具又は容器包装の販売等の禁止
		第 20 条	虚偽誇大な広告等の禁止
		第 25 条①，第 26 条④	無検査結果食品等販売等禁止
		第 48 条①	専任食品衛生管理者設置義務
		第 50 条②	有毒有害物質混入防止基準
		第 51 条②	営業施設が実施する公衆衛生上必要な措置の欠落
		第 52 条②	容器包装製造営業施設が実施する公衆衛生上必要な措置の欠落
		第 53 条①	製造・販売・輸入する容器包装が規格適合の伝達
		第 7 条①〜③	新開発食品等の販売禁止
		第 9 条①	特定の食品及び添加物の販売，製造，輸入等の禁止）
		第 17 条①	特定の器具及び容器包装の販売，製造，輸入等の禁止
		第 55 条②第 1.3 号，③	営業許可の非該当者
60 条②	営業の全部または一部を禁止期間を定めて停止（厚労大臣）	第 6 条	食品等の有毒有害物質を含むものの販売禁止
		第 8 条①	指定成分等含有食品の届け出
		第 10 条②	病肉等の輸入等の禁止
		第 11 条	重要工程管理の措置が講じられた食品又は添加物以外の輸入の禁止
		第 12 条	指定外添加物の販売等禁止
		第 13 条②，③	規格基準外食品等の販売禁止
		第 16 条	有害有毒な器具・容器包装の販売等の禁止
		第 18 条②，③	規格基準外器具又は容器包装の製造
		第 26 条④	命令検査結果の無い食品等の販売等禁止
		第 50 条②	有毒有害物質混入防止基準
		第 51 条②	営業施設が実施する公衆衛生上必要な措置の欠落
		第 52 条②	容器包装製造営業施設が実施する公衆衛生上必要な措置の欠落
		第 53 条①	製造・販売・輸入する容器包装が規格適合の伝達
		第 7 条①〜③	新開発食品等の販売禁止
		第 9 条①	特定の食品及び添加物の販売，製造，輸入等の禁止
		第 17 条①	特定の器具及び容器包装の販売，製造，輸入等の禁止

		第6条	食品等の有毒有害物質を含む，不衛生なものの販売禁止
58条	食品等の回収の届出の義務（違反又は違反の恐れがある場合）	第10条	病肉等の販売等の禁止
		第11条	重要工程管理の未措置食品・添加物の輸入禁止違反
		第12条	指定外添加物等の販売等の禁止
		第13条②，③	規格基準外食品・添加物・農薬等残留食品等の販売禁止
		第16条	有害有毒な器具・容器包装の販売等の禁止
		第18条②，③	規格基準外器具又は容器包装の販売禁止
		第20条	虚偽誇大な表示・広告等の禁止
		第9条①	特定の食品及び添加物の販売，製造，輸入等の禁止
		第17条①	特定の器具及び容器包装の販売，製造，輸入等の禁止
59条	廃棄処分・危害除去命令（厚労，知事）	第6条	食品等の有毒有害物質を含む，不衛生なものの販売禁止
		第10条	病肉等の販売等の禁止
		第11条	重要工程管理の未措置食品・添加物の輸入禁止違反
		第12条	指定外添加物の販売等禁止
		第13条②，③	規格基準外食品・添加物・農薬等残留食品等の販売禁止
		第16条	有害有毒な器具・容器包装の販売等の禁止
		第18条②，③	規格基準外器具又は容器包装の製造
		第9条①	特定の食品及び添加物の販売，製造，輸入等の禁止
		第17条①	特定の器具及び容器包装の販売，製造，輸入等の禁止
	廃棄処分・危害除去命令（総理大臣，知事）	第20条	虚偽誇大な広告等の禁止
61条	改善命令・許可の取消・営業の禁停止（知事）	第54条	基準外の営業施設
		第55条①	無許可営業
69条	違反者の名称等を公表し，危害の状況を明らかにする（厚生労働大臣，消費者庁官，知事）		全ての違反が対象

①，②，③はそれぞれ，第1項，第2項，第3項を示す

法律に続いて順守することが必要です．その内容は規則などを定めた時の考え方を示したもの，蓄積された指導事例を反映させたもの，新しい知見を反映させたものなど様々ですが，具体的に示されていることが多く，難解な法律を理解するために役立つものでもあります．ガイドラインのように部局が

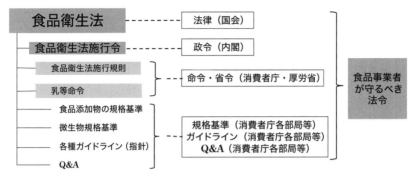

図表4 食品衛生法の法令の全体像

発信するものは必要に応じ適時，新たに通知，改訂されますが，通知される内容には速やかに対応しなければなりません．行政から発信される情報には注意を払うことが必要です．

　以上のように，食品衛生法にかかわる法律の体系は大変複雑です．ただし，食品企業を経営するということは，この法体系をすべて知っているということが前提になります．したがって，食品衛生法については条文の解説本を社内に備え，必要があれば法体系を調べることができる，または法律を熟知したスタッフを社内に配置するべきです．

(3) 食品表示法

　食品の表示については2015年に，それまで「食品衛生法」「JAS法」「健康増進法」と3つの法律で規定されていた表示に関する規定を「食品表示法」1本にまとめる大改正が行われました．

　食品表示法は，その理念の中で「消費者の安全」「消費者による自主的・合理的な選択の権利」「消費者への必要な情報の提供」を目的とするとしています．すなわち，消費者が商品選択に際して必要と思われる情報を表示により読み取れる状態にすることが求められ，従来，生産者が主張してきた「製造ノウハウの保護」や「表示に伴うコストの増大」よりも，消費者への情報開示を優先する方向の改正になっています．

　罰則規定を，**図表5**に示しました．「アレルゲン」「消費期限」「加熱食品の安全確保」など，食品摂取時の安全性に重要な影響を与える表示が損なわれた場合，最も厳しい罰則が定められており，次いで「原料原産地表示」が不適切であった場合となっています．

付録 1　食品安全に関する法律体系

図表 5　食品表示法違反の罰則規定

罰則条文	罰則	対象条文	対象条文内容
第 17 条	「命令に従わない場合」 3 年以下の懲役，300 万以下の罰金 法人について 3 億円以下の罰金	第 6 条⑧	アレルゲン・消費期限・加熱食品の安全確保に関する，食品表示基準に従っていない商品販売をした場合，商品回収・営業停止命令をすることができる
第 18 条	「食品表示基準に従わない商品を販売した場合」 2 年以下の懲役，200 万以下の罰金 法人について 1 億円以下の罰金	第 6 条⑧	アレルゲン・消費期限・加熱食品の安全確保に関する，食品表示基準に従っていない商品販売をした場合，商品回収・営業停止命令をすることができる
第 19 条	「食品表示基準，の原産地（原材料原産地を含む）」について虚偽の表示がされた商品を販売した場合 2 年以下の懲役，200 万以下罰金		
第 20 条	第 20 条：「命令に違反した者」 1 年以下の懲役，100 万以下罰金 法人については 1 億円以下の罰金	第 6 条①③⑤	食品表示基準に従わない場合は，従うように指示をし，それでも従わない場合は従うように命令できる
第 21 条	「報告・物品の提出をしない，または虚偽の報告をした場合，検査を拒んだ場合，答弁を拒んだ場合等」 50 万以下の罰金 法人について 1 億円以下の罰金	第 8 条①②③ 第 9 条①	食品表示基準に従わない場合は，従うように指示をし，それでも従わない場合は従うように命令できる
第 23 条	「違反をしたセンターの役員」 20 万以下の罰金	第 10 条	(独法) 農林水産安全技術センター (食品関連事業者に対し表示の状況を質問できる権限を持つ：第 9 条) の業務の適正な実施

※法人についての罰則は第 22 条で規定

　具体的な表示基準については，政令である「食品表示基準」に定められています．品質表示基準の条文と読み解き方については，**図表 6** に示しました．

　食品表示基準で，食品は「加工食品」「生鮮食品」「食品添加物」の 3 つに分類され，「加工食品」と「生鮮食品」はそれぞれ「一般消費者向け（一般用）」と「業務用」に分類されています．すなわち，すべての食品が上記の 5 つに分類されており，それぞれに対して，表示しなければならない内容と表示の仕方が規定されています．一般向け加工食品の必須表示項目を**図表 7** に示します．

　食品表示基準では，義務以外の任意で表示する栄養成分や「機能性表示食品」についても規定しています．

付録1 食品安全に関する法律体系

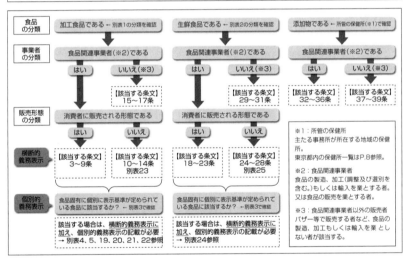

図表6 食品表示基準の条文と読み解き方
出典：東京都食品衛生協会講習会教材（2015）
　　　http://www.fukushihoken.metro.tokyo.jp/shokuhin/hyouji/files/2015.leafret.pdf

図表 7 一般向け加工食品の必須表示項目

必　須	名称 原材料名 食品添加物 内容量 消費期限または賞味期限 保存方法 栄養成分の量とカロリー 食品関連事業者の氏名または名称および住所 製造所等の所在地及び製造者等の氏名または名称
該当する 場合必須	アレルゲン L-フェニルアラニン化合物を含む旨 原料原産地名（輸入品以外） 原産国名（輸入品） 遺伝子組み換え食品に関する事項 特定保健用食品 機能性表示食品

(4) 医薬品医療機器等法（旧薬事法）

　薬品等を対象とした法律である「薬事法」は，2014年に「医薬品医療機器等法」（薬機法）という名前に改正されました．食品等で「効果効能」をうたった場合，「機能性表示食品」「栄養機能食品」「特定保健用食品」に該当するもの以外は，医薬品医療機器等法違反のおそれがあります．いわゆる健康食品の表示を検討する際には十分な注意が必要です．

(5) 景品表示法

　食品事業者が「自己の供給する商品・サービスの取引において，その品質，規格その他の内容について，一般消費者に対し　(1) 実際のものよりも著しく優良であると示すもの　(2) 事実に相違して競争関係にある事業者に係るものよりも著しく優良であると示すもの，であることを提示すること」は景品表示法第5条第1項第1号で禁じられており，これを優良誤認と言います．

　通常の牛肉をブランド牛肉と偽って販売した場合などが相当します．違反した場合，或いは表示した内容について合理的根拠要求に対応できなかった場合は，消費者庁や都道府県知事より排除の措置命令が出されます．更に不当な商品の売り上げに対して課徴金の納付も命令されます．デジタル化が進

化する近年，適用の範囲が拡大されています．

　景品表示法の内容は食品，物品，サービスなど幅広いものに適用されるため，個別食品に特化した内容の定めがほとんどありません．そのため，業界によっては景品表示法が定めるところにより事業者が集まり自主ルールを作り，消費者庁長官の承認を得て公正競争規約を定めています．公正競争規約がある食品はこの定めに準ずることが望まれます．

(6)　不正競争防止法

　景品表示法の優良誤認と似た表示を規制する法律として，不正競争防止法があります．主に，産地偽装に対してこの法律が適用されます．不正競争防止法違反の場合は民事上の差し止め請求，損害賠償請求が可能になるとともに，刑事罰の対象になります．

(7)　水道法

　食品を製造加工するにあたり，直接・間接的に「水」を使用しています．安全で衛生的な水を使用することは食品事業者には必要不可欠な事です．この内，行政や水道事業者等から供給される水道水の施設や管理について定めており，その中に水質基準の定めもあります．井戸水などは水道法の適用は受けませんが，水質検査の実施など保健所の指導が行われ，その安全確保・管理は使用する者の責任になります．

　また，貯水槽の管理なども水道法や，地方自治体条例での定めに従い管理することが求められています．

(8)　計量法

　「計量の基準を定め，適正な計量の実施を確保するため」の法律です．パッケージに表示された内容量について，許容される誤差範囲を細かく規定しています．規定された範囲より内容量が少ない場合は当然ですが，多い場合も違反になるので注意が必要です．また，正しい内容量表示のためには，適切な計量器が使用される必要があります．対象となる機器の正確性を確保するための規定です．

付録 2　食品衛生法施行規則　別表 17　別表 19

食品衛生法施行規則　別表第十七（第六十六条の二　第一項関係）

1　食品衛生責任者等の選任
2　施設の衛生管理
3　設備等の衛生管理
4　使用水等の管理
5　ねずみ及び昆虫対策
6　廃棄物及び排水の取扱い
7　食品又は添加物を取り扱う者の衛生管理
8　検食の実施
9　情報の提供
10　回収・廃棄
11　運搬
12　販売
13　教育訓練
14　その他

1　食品衛生責任者等の選任
　イ　法第五十一条第一項に規定する営業を行う者（法第六十八条第三項におい
　　て準用する場合を含む．以下この表において「営業者」という．）は，食
　　品衛生責任者を定めること．ただし，第六十六条の二第四項各号に規定す
　　る営業者についてはこの限りではない．なお，法第四十八条に規定する食
　　品衛生管理者は，食品衛生責任者を兼ねることができる．
　ロ　食品衛生責任者は次のいずれかに該当する者とすること．
　　(1) 法第三十条に規定する食品衛生監視員又は法第四十八条に規定する食品
　　　衛生管理者の資格要件を満たす者
　　(2) 調理師，製菓衛生師，栄養士，船舶料理士，と畜場法（昭和二十八年法
　　　律第百十四号）第七条に規定する衛生管理責任者若しくは同法第十条に
　　　規定する作業衛生責任者又は食鳥処理の事業の規制及び食鳥検査に関す
　　　る法律（平成二年法律第七十号）第十二条に規定する食鳥処理衛生管理
　　　者
　　(3) 都道府県知事等が行う講習会又は都道府県知事等が適正と認める講習会
　　　を受講した者
　ハ　食品衛生責任者は次に掲げる事項を遵守すること．

 (1) 都道府県知事等が行う講習会又は都道府県知事等が認める講習会を定期的に受講し，食品衛生に関する新たな知見の習得に努めること（法第五十四条の営業（法第六十八条第三項において準用する場合を含む.）に限る.）.

 (2) 営業者の指示に従い，衛生管理に当たること.

ニ 営業者は，食品衛生責任者の意見を尊重すること.

ホ 食品衛生責任者は，第六十六条の二第三項に規定された措置の遵守のために，必要な注意を行うとともに，営業者に対し必要な意見を述べるよう努めること.

ヘ ふぐを処理する営業者にあつては，ふぐの種類の鑑別に関する知識及び有毒部位を除去する技術等を有すると都道府県知事等が認める者にふぐを処理させ，又はその者の立会いの下に他の者にふぐを処理させなければならない.

2　施設の衛生管理

イ 施設及びその周辺を定期的に清掃し，施設の稼働中は食品衛生上の危害の発生を防止するよう清潔な状態を維持すること.

ロ 食品又は添加物を製造し，加工し，調理し，貯蔵し，又は販売する場所に不必要な物品等を置かないこと.

ハ 施設の内壁，天井及び床を清潔に維持すること.

ニ 施設内の採光，照明及び換気を十分に行うとともに，必要に応じて適切な温度及び湿度の管理を行うこと.

ホ 窓及び出入口は，原則として開放したままにしないこと．開放したままの状態にする場合にあつては，じん埃，ねずみ及び昆虫等の侵入を防止する措置を講ずること.

ヘ 排水溝は，固形物の流入を防ぎ，排水が適切に行われるよう清掃し，破損した場合速やかに補修を行うこと.

ト 便所は常に清潔にし，定期的に清掃及び消毒を行うこと.

チ 食品又は添加物を取り扱い，又は保存する区域において動物を飼育しないこと.

3　設備等の衛生管理

イ 衛生保持のため，機械器具は，その目的に応じて適切に使用すること.

ロ 機械器具及びその部品は，金属片，異物又は化学物質等の食品又は添加物への混入を防止するため，洗浄及び消毒を行い，所定の場所に衛生的に保管すること．また，故障又は破損があるときは，速やかに補修し，適切に

使用できるよう整備しておくこと.

ハ 機械器具及びその部品の洗浄に洗剤を使用する場合は,洗剤を適切な方法により使用すること.

ニ 温度計,圧力計,流量計等の計器類及び滅菌,殺菌,除菌又は浄水に用いる装置にあつては,その機能を定期的に点検し,点検の結果を記録すること.

ホ 器具,清掃用機材及び保護具等食品又は添加物と接触するおそれのあるものは,汚染又は作業終了の都度熱湯,蒸気又は消毒剤等で消毒し,乾燥させること.

ヘ 洗浄剤,消毒剤その他化学物質については,取扱いに十分注意するとともに,必要に応じてそれらを入れる容器包装に内容物の名称を表示する等食品又は添加物への混入を防止すること.

ト 施設設備の清掃用機材は,目的に応じて適切に使用するとともに,使用の都度洗浄し,乾燥させ,所定の場所に保管すること.

チ 手洗設備は,石けん,ペーパータオル等及び消毒剤を備え,手指の洗浄及び乾燥が適切に行うことができる状態を維持すること.

リ 洗浄設備は,清潔に保つこと.

ヌ 都道府県等の確認を受けて手洗設備及び洗浄設備を兼用する場合にあつては,汚染の都度洗浄を行うこと.

ル 食品の放射線照射業にあつては,営業日ごとに一回以上化学線量計を用いて吸収線量を確認し,その結果の記録を二年間保存すること.

4 使用水等の管理

イ 食品又は添加物を製造し,加工し,又は調理するときに使用する水は,水道法(昭和三十二年法律第百七十七号)第三条第二項に規定する水道事業,同条第六項に規定する専用水道若しくは同条第七項に規定する簡易専用水道により供給される水(別表第十九第三号ヘにおいて「水道事業等により供給される水」という.)又は飲用に適する水であること.ただし,冷却その他食品又は添加物の安全性に影響を及ぼさない工程における使用については,この限りではない.

ロ 飲用に適する水を使用する場合にあつては,一年一回以上水質検査を行い,成績書を一年間(取り扱う食品又は添加物が使用され,又は消費されるまでの期間が一年以上の場合は,当該期間)保存すること.ただし,不慮の災害により水源等が汚染されたおそれがある場合にはその都度水質検査を行うこと.

ハ ロの検査の結果,イの条件を満たさないことが明らかとなつた場合は,直

228　　　　　　付録2　食品衛生法施行規則　別表17

　　　ちに使用を中止すること.
　ニ　貯水槽を使用する場合は,貯水槽を定期的に清掃し,清潔に保つこと.
　ホ　飲用に適する水を使用する場合で殺菌装置又は浄水装置を設置している場
　　　合には,装置が正常に作動しているかを定期的に確認し,その結果を記録
　　　すること.
　ヘ　食品に直接触れる氷は,適切に管理された給水設備によつて供給されたイ
　　　の条件を満たす水から作ること.また,氷は衛生的に取り扱い,保存する
　　　こと.
　ト　使用した水を再利用する場合にあつては,食品又は添加物の安全性に影響
　　　しないよう必要な処理を行うこと.

5　ねずみ及び昆虫対策

　イ　施設及びその周囲は,維持管理を適切に行うことができる状態を維持し,
　　　ねずみ及び昆虫の繁殖場所を排除するとともに,窓,ドア,吸排気口の網
　　　戸,トラップ及び排水溝の蓋等の設置により,ねずみ及び昆虫の施設内へ
　　　の侵入を防止すること.
　ロ　一年に二回以上,ねずみ及び昆虫の駆除作業を実施し,その実施記録を一
　　　年間保存すること.ただし,ねずみ及び昆虫の発生場所,生息場所及び侵
　　　入経路並びに被害の状況に関して,定期に,統一的に調査を実施し,当該
　　　調査の結果に基づき必要な措置を講ずる等により,その目的が達成できる
　　　方法であれば,当該施設の状況に応じた方法及び頻度で実施することがで
　　　きる.
　ハ　殺そ剤又は殺虫剤を使用する場合には,食品又は添加物を汚染しないよう
　　　その取扱いに十分注意すること.
　ニ　ねずみ及び昆虫による汚染防止のため,原材料,製品及び包装資材等は容
　　　器に入れ,床及び壁から離して保存すること.一度開封したものについて
　　　は,蓋付きの容器に入れる等の汚染防止対策を講じて保存すること.

6　廃棄物及び排水の取扱い

　イ　廃棄物の保管及びその廃棄の方法について,手順を定めること.
　ロ　廃棄物の容器は,他の容器と明確に区別できるようにし,汚液又は汚臭が
　　　漏れないように清潔にしておくこと.
　ハ　廃棄物は,食品衛生上の危害の発生を防止することができると認められる
　　　場合を除き,食品又は添加物を取り扱い,又は保存する区域(隣接する区
　　　域を含む.)に保管しないこと.
　ニ　廃棄物の保管場所は,周囲の環境に悪影響を及ぼさないよう適切に管理を

付録 2　食品衛生法施行規則　別表 17　　**229**

行うことができる場所とすること.

ホ　廃棄物及び排水の処理を適切に行うこと.

7　食品又は添加物を取り扱う者の衛生管理

イ　食品又は添加物を取り扱う者（以下「食品等取扱者」という.）の健康診
断は, 食品衛生上の危害の発生の防止に必要な健康状態の把握を目的とし
て行うこと.

ロ　都道府県知事等から食品等取扱者について検便を受けるべき旨の指示があ
つたときには, 食品等取扱者に検便を受けるよう指示すること.

ハ　食品等取扱者が次の症状を呈している場合は, その症状の詳細の把握に努
め, 当該症状が医師による診察及び食品又は添加物を取り扱う作業の中止
を必要とするものか判断すること.

(1) 黄疸

(2) 下痢

(3) 腹痛

(4) 発熱

(5) 皮膚の化膿性疾患等

(6) 耳, 目又は鼻からの分泌（感染性の疾患等に感染するおそれがあるもの
に限る.）

(7) 吐き気及びおう吐

ニ　皮膚に外傷がある者を従事させる際には, 当該部位を耐水性のある被覆材
で覆うこと. また, おう吐物等により汚染された可能性のある食品又は添
加物は廃棄すること. 施設においておう吐した場合には, 直ちに殺菌剤を
用いて適切に消毒すること.

ホ　食品等取扱者は, 食品又は添加物を取り扱う作業に従事するときは, 目的
に応じ　た専用の作業着を着用し, 並びに必要に応じて帽子及びマスクを
着用すること. また, 作業場内では専用の履物を用いるとともに, 作業場
内で使用する履物を着用したまま所定の場所から出ないこと

ヘ　食品等取扱者は, 手洗いの妨げとなる及び異物混入の原因となるおそれの
ある装飾品等を食品等を取り扱う施設内に持ち込まないこと.

ト　食品等取扱者は, 手袋を使用する場合は, 原材料等に直接接触する部分が
耐水性のある素材のものを原則として使用すること.

チ　食品等取扱者は, 爪を短く切るとともに手洗いを実施し, 食品衛生上の危
害を発生させないよう手指を清潔にすること.

リ　食品等取扱者は, 用便又は生鮮の原材料若しくは加熱前の原材料を取り扱
う作業を終えたときは, 十分に手指の洗浄及び消毒を行うこと. なお, 使

い捨て手袋を使用して生鮮の原材料又は加熱前の原材料を取り扱う場合にあつては，作業後に手袋を交換すること．

ヌ　食品等取扱者は，食品又は添加物の取扱いに当たつて，食品衛生上の危害の発生を防止する観点から，食品又は添加物を取り扱う間は次の事項を行わないこと．

　(1)　手指又は器具若しくは容器包装を不必要に汚染させるようなこと．

　(2)　痰又は唾を吐くこと．

　(3)　くしやみ又は咳の飛沫を食品又は添加物に混入し，又はそのおそれを生じさせること．

ル　食品等取扱者は所定の場所以外での着替え，喫煙及び飲食を行わないこと．

ヲ　食品等取扱者以外の者が施設に立ち入る場合は，清潔な専用の作業着に着替えさせ，本項で示した食品等取扱者の衛生管理の規定に従わせること．

8　検食の実施

イ　同一の食品を一回三百食又は一日七百五十食以上調理し，提供する営業者にあつては，原材料及び調理済の食品ごとに適切な期間保存すること．なお，原材料は，洗浄殺菌等を行わず，購入した状態で保存すること．

ロ　イの場合，調理した食品の提供先，提供時刻（調理した食品を運送し，提供する場合にあつては，当該食品を搬出した時刻）及び提供した数量を記録し保存すること．

9　情報の提供

イ　営業者は，採取し，製造し，輸入し，加工し，調理し，貯蔵し，運搬し，若しくは販売する食品又は添加物（以下この表において「製品」という．）について，消費者が安全に喫食するために必要な情報を消費者に提供するよう努めること．

ロ　営業者は，製品に関する消費者からの健康被害（医師の診断を受け，当該症状が当該食品又は添加物に起因する又はその疑いがあると診断されたものに限る．以下この号において同じ．）及び法に違反する情報を得た場合には，当該情報を都道府県知事等に提供するよう努めること．

ハ　営業者は，製品について，消費者及び製品を取り扱う者から異味又は異臭の発生，異物の混入その他の健康被害につながるおそれが否定できない情報を得た場合は，当該情報を都道府県知事等に提供するよう努めること．

10 回収・廃棄

イ 営業者は，製品に起因する食品衛生上の危害又は危害のおそれが発生した場合は，消費者への健康被害を未然に防止する観点から，当該食品又は添加物を迅速かつ適切に回収できるよう，回収に係る責任体制，消費者への注意喚起の方法，具体的な回収の方法及び当該食品又は添加物を取り扱う施設の所在する地域を管轄する都道府県知事等への報告の手順を定めておくこと．

ロ 製品を回収する場合にあつては，回収の対象ではない製品と区分して回収したものを保管し，適切に廃棄等をすること．

11 運搬

イ 食品又は添加物の運搬に用いる車両，コンテナ等は，食品，添加物又はこれらの容器包装を汚染しないよう必要に応じて洗浄及び消毒をすること．

ロ 車両，コンテナ等は，清潔な状態を維持するとともに，補修を行うこと等により適切な状態を維持すること．

ハ 食品又は添加物及び食品又は添加物以外の貨物を混載する場合は，食品又は添加物以外の貨物からの汚染を防止するため，必要に応じ，食品又は添加物を適切な容器に入れる等区分すること．

ニ 運搬中の食品又は添加物がじん埃及び排気ガス等に汚染されないよう管理すること．

ホ 品目が異なる食品又は添加物及び食品又は添加物以外の貨物の運搬に使用した車両，コンテナ等を使用する場合は，効果的な方法により洗浄し，必要に応じ消毒を行うこと．

ヘ ばら積みの食品又は添加物にあつては，必要に応じて食品又は添加物専用の車両，コンテナ等を使用し，食品又は添加物の専用であることを明示すること．

ト 運搬中の温度及び湿度の管理に注意すること．

チ 運搬中の温度及び湿度を踏まえた配送時間を設定し，所定の配送時間を超えないよう適切に管理すること．

リ 調理された食品を配送し，提供する場合にあつては，飲食に供されるまでの時間を考慮し，適切に管理すること．

12 販売

イ 販売量を見込んで適切な量を仕入れること．

ロ 直接日光にさらす等不適切な温度で販売したりすることのないよう管理すること．

13 教育訓練

イ 食品等取扱者に対して，衛生管理に必要な教育を実施すること．

ロ 化学物質を取り扱う者に対して，使用する化学物質を安全に取り扱うことができるよう教育訓練を実施すること．

ハ イ及びロの教育訓練の効果について定期的に検証を行い，必要に応じて教育内容の見直しを行うこと．

14 その他

イ 食品衛生上の危害の発生の防止に必要な限度において，取り扱う食品又は添加物に係る仕入元，製造又は加工等の状態，出荷又は販売先その他必要な事項に関する記録を作成し，保存するよう努めること．

ロ 製造し，又は加工した製品について自主検査を行つた場合には，その記録を保存するよう努めること．

食品衛生法施行規則 別表第十九（第六十六条の七 関係）

(全ての営業許可業種に共通する施設基準)

1 施設は，屋外からの汚染を防止し，衛生的な作業を継続的に実施するために必要な構造又は設備，機械器具の配置及び食品又は添加物を取り扱う量に応じた十分な広さを有すること．

2 食品又は添加物，容器包装，機械器具その他食品又は添加物に接触するおそれのあるもの（以下「食品等」という．）への汚染を考慮し，公衆衛生上の危害の発生を防止するため，作業区分に応じ，間仕切り等により必要な区画がされ，工程を踏まえて施設設備が適切に配置され，又は空気の流れを管理する設備が設置されていること．ただし，作業における食品等又は従業者の経路の設定，同一区画を異なる作業で交替に使用する場合の適切な洗浄消毒の実施等により，必要な衛生管理措置が講じられている場合はこの限りではない．なお，住居その他食品等を取り扱うことを目的としない室又は場所が同一の建物にある場合，それらと区画されていること．

3 施設の構造及び設備
イ じん埃，廃水及び廃棄物による汚染を防止できる構造又は設備並びにねずみ及び昆虫の侵入を防止できる設備を有すること．
ロ 食品等を取り扱う作業をする場所の真上は，結露しにくく，結露によるかびの発生を防止し，及び結露による水滴により食品等を汚染しないよう換気が適切にできる構造又は設備を有すること．
ハ 床面，内壁及び天井は，清掃，洗浄及び消毒（以下この表において「清掃等」という．）を容易にすることができる材料で作られ，清掃等を容易に行うことができる構造であること．
ニ 床面及び内壁の清掃等に水が必要な施設にあつては，床面は不浸透性の材質で作られ，排水が良好であること．内壁は，床面から容易に汚染される高さまで，不浸透性材料で腰張りされていること．
ホ 照明設備は，作業，検査及び清掃等を十分にすることのできるよう必要な照度を確保できる機能を備えること．
ヘ 水道事業等により供給される水又は飲用に適する水を施設の必要な場所に適切な温度で十分な量を供給することができる給水設備を有すること．水道事業等により供給される水以外の水を使用する場合にあつては，必要に応じて消毒装置及び浄水装置を備え，水源は外部から汚染されない構造を有すること．貯水槽を使用する場合にあつては，食品衛生上支障のない

234　　　付録2　食品衛生法施行規則　別表19

構造であること.

ト　法第13条第1項の規定により別に定められた規格又は基準に食品製造用水の使用について定めがある食品を取り扱う営業にあつてはへの適用については,「飲用に適する水」とあるのは「食品製造用水」とし,食品製造用水又は殺菌した海水を使用できるよう定めがある食品を取り扱う営業にあつてはへの適用については,「飲用に適する水」とあるのは「食品製造用水若しくは殺菌した海水」とする.

チ　従業者の手指を洗浄消毒する装置を備えた流水式手洗い設備を必要な個数有すること. なお,水栓は洗浄後の手指の再汚染が防止できる構造であること.

リ　排水設備は次の要件を満たすこと.
　(1) 十分な排水機能を有し,かつ,水で洗浄をする区画及び廃水,液性の廃棄物等が流れる区画の床面に設置されていること.
　(2) 汚水の逆流により食品又は添加物を汚染しないよう配管され,かつ,施設外に適切に排出できる機能を有すること.
　(3) 配管は十分な容量を有し,かつ,適切な位置に配置されていること.

ヌ　食品又は添加物を衛生的に取り扱うために必要な機能を有する冷蔵又は冷凍設備を必要に応じて有すること. 製造及び保存の際の冷蔵又は冷凍については,法第13条第1項により別に定められた規格又は基準に冷蔵又は冷凍について定めがある食品を取り扱う営業にあつては,その定めに従い必要な設備を有すること.

ル　必要に応じて,ねずみ,昆虫等の侵入を防ぐ設備及び侵入した際に駆除するための設備を有すること.

ヲ　次に掲げる要件を満たす便所を従業者の数に応じて有すること.
　(1) 作業場に汚染の影響を及ぼさない構造であること.
　(2) 専用の流水式手洗い設備を有すること.

ワ　原材料を種類及び特性に応じた温度で,汚染の防止可能な状態で保管することができる十分な規模の設備を有すること. また,施設で使用する洗浄剤,殺菌剤等の薬剤は,食品等と区分して保管する設備を有すること.

カ　廃棄物を入れる容器又は廃棄物を保管する設備については,不浸透性及び十分な容量を備えており,清掃がしやすく,汚液及び汚臭が漏れない構造であること.

ヨ　製品を包装する営業にあつては,製品を衛生的に容器包装に入れることができる場所を有すること.

タ　更衣場所は,従事者の数に応じた十分な広さがあり,及び作業場への出入りが容易な位置に有すること.

レ　食品等を洗浄するため，必要に応じて熱湯，蒸気等を供給できる使用目的に応じた大きさ及び数の洗浄設備を有すること．

ソ　添加物を使用する施設にあつては，それを専用で保管することができる設備又は場所及び計量器を備えること．

4　機械器具

イ　食品又は添加物の製造又は食品の調理をする作業場の機械器具，容器その他の設備（以下この別表において「機械器具等」という．）は，適正に洗浄，保守及び点検をすることのできる構造であること．

ロ　作業に応じた機械器具等及び容器を備えること．

ハ　食品又は添加物に直接触れる機械器具等は，耐水性材料で作られ，洗浄が容易であり，熱湯，蒸気又は殺菌剤で消毒が可能なものであること．

ニ　固定し，又は移動しがたい機械器具等は，作業に便利であり，かつ，清掃及び洗浄をしやすい位置に有すること．組立式の機械器具等にあつては，分解及び清掃しやすい構造であり，必要に応じて洗浄及び消毒が可能な構造であること．

ホ　食品又は添加物を運搬する場合にあつては，汚染を防止できる専用の容器を使用すること．

ヘ　冷蔵，冷凍，殺菌，加熱等の設備には，温度計を備え，必要に応じて圧力計，流量計その他の計量器を備えること．

ト　作業場を清掃等するための専用の用具を必要数備え，その保管場所及び従事者が作業を理解しやすくするために作業内容を掲示するための設備を有すること．

5　その他

イ　令第35条第1号に規定する飲食店営業にあつては，第3号ヨの基準を適用しない．

ロ　令第35条第1号に規定する飲食店営業のうち，簡易な営業（そのままの状態で飲食に供することのできる食品を食器に盛る，そうざいの半製品を加熱する等の簡易な調理のみをする営業をいい，喫茶店営業（喫茶店，サロンその他設備を設けて酒類以外の飲物又は茶菓を客に飲食させる営業をいう．）を含む．別表第20第1号（1）において同じ．）をする場合にあつては，イの規定によるほか，次に定める基準により営業をすることができる．

　　（1）床面及び内壁にあつては，取り扱う食品や営業の形態を踏まえ，食品衛生上支障がないと認められる場合は，不浸透性材料以外の材料を使用す

ることができる.
   (2) 排水設備にあつては，取り扱う食品や営業の形態を踏まえ，食品衛生上
     支障がないと認められる場合は，床面に有しないこととすることができ
     る.
   (3) 冷蔵又は冷凍設備にあつては，取り扱う食品や営業の形態を踏まえ，食
     品衛生上支障がないと認められる場合は，施設外に有することとするこ
     とができる.
   (4) 食品を取り扱う区域にあつては，従業者以外の者が容易に立ち入ること
     のできない構造であれば，区画されていることを要しないこととするこ
     とができる.
 ハ　令第35条第1号に規定する飲食店営業のうち，自動車において調理をす
   る場合にあつては，第3号ニ，リ，ヲ及びタの基準を適用しない.
 ニ　令第35条第9号に規定する食肉処理業のうち，自動車において生体又は
   とたいを処理する場合にあつては，第3号ヲ，ワ及びタ並びに第4号ホの
   基準を適用しない.
 ホ　令第35条第27号及び第28号に掲げる営業以外の営業で冷凍食品を製造
   する場合は，第一号から第四号までに掲げるものに加え，次の要件を満た
   すこと.
   (1) 原材料の保管及び前処理並びに製品の製造，冷凍，包装及び保管をする
     ための室又は場所を有すること．なお，室を場所とする場合にあつて
     は，作業区分に応じて区画されていること.
   (2) 原材料を保管する室又は場所に冷蔵又は冷凍設備を有すること.
   (3) 製品を製造する室又は場所は，製造する品目に応じて，加熱，殺菌，放
     冷及び冷却に必要な設備を有すること.
   (4) 製品が摂氏マイナス15度以下となるよう管理することのできる機能を
     備える冷凍室及び保管室を有すること.
 ヘ　令第35条第30号に掲げる営業以外の営業で密封包装食品を製造する場合
   にあつては，第1号から第4号までに掲げるものに加え，次に掲げる要件
   を満たす構造であること.
   (1) 原材料の保管及び前処理又は調合並びに製品の製造及び保管をする室又
     は場所を有し，必要に応じて容器包装洗浄設備を有すること．なお，室
     を場所とする場合にあつては，作業区分に応じて区画されていること.
   (2) 原材料の保管をする室又は場所に，冷蔵又は冷凍設備を有すること.
   (3) 製品の製造をする室又は場所は，製造する品目に応じて，解凍，加熱，
     充填，密封，殺菌及び冷却に必要な設備を有すること.

■著者紹介

角　直樹（すみ　なおき）

略歴：千葉大学園芸学部農芸化学科卒業．1982年明治製菓㈱（現：㈱明治）入社．食料開発研究所，菓子商品企画部，スイーツ事業推進部，業務商品開発部などに所属し一貫して商品開発 マーケティング業務に従事．2020年㈱明治を退社．同時にハッピーフードデザイン株式会社を設立．食品商品開発のコンサルタントを主な業務としているが，中小企業の食品安全経営コンサルティングも実施．

中小企業診断士　HACCP管理者　経営学修士（城西国際大学）

著書：おいしさの見える化　風味を伝えるマーケティング力　幸書房2019

中村　滋男（なかむら　しげお）

略歴：千葉大学園芸学部農芸化学科修士課程卒業．1978年明治製菓㈱（現：㈱明治）入社．工場，本社にて製造・品質保証に従事．1997年，東海工場にて日本における菓子工場初のISO9001認証取得業務責任者を担当．本社では業務用事業の品質保証部に所属し，菓子，食材原料，OEM商品等の委託生産に携わる．自社工場監査やISO内部監査等の経験を活かして，国内外200社近い委託生産先に対し，品質監査や衛生巡視，品質保証指導クレーム対策等を実施．2017年㈱明治を退社．

齊藤　智子（さいとう　ともこ）

略歴：共立女子短期大学家政学科卒業．1988年明治製菓㈱（現：㈱明治）入社
食料開発研究所，菓子商品企画部表示・法規センター，食料品質保証センター，技術部，グループ会社品質保証部，広報部などに所属．1990年代「食の安全」「食品表示」がいまほど注目さていない時代から一貫し，食品全般について表示・基準などの各種法令対応，品質保証，規格書標準化に，27年間従事．近年は製造委託先工場への指導，消費者とのコミュニケーション活動に従事．消費生活アドバイザー

■特別寄稿

江口　彰一（えぐち　しょういち）

元：キユーピー株式会社

■編集協力

経営創研 株式会社

〒103-0011　東京都中央区日本橋大伝馬町17番3号　城野ビル

一般衛生管理による 食品安全経営

2024 年 10 月 9 日　初版　第 1 刷発行

著　者　角　直　樹

中村滋男

齊藤智子

発行者　田中直樹

発行所　株式会社　幸書房

〒 101-0051　東京都千代田区神田神保町 2-7

TEL 03-3512-0165　FAX 03-3512-0166

URL　http://www.saiwaishobo.co.jp

装幀・イラスト：　近藤朋幸

組　版　デジプロ

印　刷　シ　ナ　ノ

Printed in Japan. Copyright Naoki SUMI, Shigeo NAKAMURA, Tomoko SAITO. 2024

・無断転載を禁じます．

・ **JCOPY** 〈（社）出版者著作権管理機構　委託出版物〉

本書の無断複写は著作権法上での例外を除き禁じられています．複写される場合は，その都度事前に，（社）出版者著作権管理機構（電話 03-5244-5088，FAX 03-5244-5089，e-mail：info@jcopy.or.jp）の許諾を得てください．

ISBN 978-4-7821-0484-2　C3058